核电厂技术岗位必读丛书

核燃料管理人员岗位必读

主　编　邓志新
副主编　邹　森　石中华

哈尔滨工程大学出版社
Harbin Engineering University Press

内容简介

本教材是根据秦山核电核燃料管理专业范畴编制而成的，编制目的主要是为秦山核电核燃料管理专业相关工作岗位提供一套系统的学习材料。本教材针对秦山核电所有核电机组编制，内容共十七章，包括：核燃料相关法规、核燃料介绍、核燃料制造技术、制造质量监督、核燃料贮存管理、核燃料性能管理等。学习人员可根据自己的知识水平、工作技能、岗位系统化培训以及工作的需要，选择本教材相关内容或某类知识进行侧重学习。

本教材既可作为本岗位新员工了解和掌握岗位知识和工作内容的专业教材，也可作为核电厂其他专业技术人员学习和工作的参考资料。

图书在版编目(CIP)数据

核燃料管理人员岗位必读 / 邓志新主编. — 哈尔滨：哈尔滨工程大学出版社，2023. 1

ISBN 978-7-5661-3758-6

Ⅰ. ①核… Ⅱ. ①邓… Ⅲ. ①核燃料管理-岗位培训-教材 Ⅳ. ①TL249

中国版本图书馆 CIP 数据核字(2022)第 208462 号

核燃料管理人员岗位必读
HERANLIAO GUANLI RENYUAN GANGWEI BIDU

选题策划 石 岭
责任编辑 丁月华
封面设计 李海波

出版发行 哈尔滨工程大学出版社
社　　址 哈尔滨市南岗区南通大街 145 号
邮政编码 150001
发行电话 0451-82519328
传　　真 0451-82519699
经　　销 新华书店
印　　刷 黑龙江天宇印务有限公司
开　　本 787 mm×1 092 mm　1/16
印　　张 12. 25
字　　数 330 千字
版　　次 2023 年 1 月第 1 版
印　　次 2023 年 1 月第 1 次印刷
定　　价 58. 00 元
http://www. hrbeupress. com
E-mail:heupress@ hrbeu. edu. cn

核电厂技术岗位必读丛书
编　委　会

本书编委会

主　编　邓志新
副主编　邹　森　石中华
参　编　王玲彬　张旭辉　钟　波　吴季青　代前进
　　　　林锆涵　周忠政　胡　胜　王文利　董兆雄
　　　　杨振中

序

秦山核电是中国大陆核电的发源地，9 台机组总装机容量 666 万千瓦，年发电量约 520 亿千瓦时，是我国目前核电机组数量最多、堆型最丰富的核电基地。秦山核电并网发电三十多年来，披荆斩棘、攻坚克难、追求卓越，实现了从原型堆到百万级商用堆的跨越，完成了从商业进口到机组自主化的突破，做到了在“一带一路”上的输出引领；三十多年的建设发展，全面反映了我国核电发展的历程，也充分展现了我国核电自主发展的成果；三十多年的积累，形成了具有深厚底蕴的核安全文化，练就了一支能驾驭多堆型运行和管理的专业人才队伍，形成了一套成熟完整的安全生产运行管理体系和支持保障体系。

秦山核电“十四五”规划高质量推进“四个基地”建设，打造清洁能源示范基地、同位素生产基地、核工业大数据基地及核电人才培养基地，拓展秦山核电新的发展空间。技术领域深入学习贯彻公司“十四五”规划要求，充分挖掘各专业技术人才，组织编写了“核电厂技术岗位必读丛书”。该丛书以“规范化”“系统化”“实践化”为目标，以“人才培养”为核心，构建“隐性知识显性化，显性知识系统化”的体系框架，旨在将三十多年的宝贵经验固化传承，使人员达到运行技术支持所需的知识技能水平，同时培养人员的软实力，让员工能更快更好地适应“四个基地”建设的新要求，用集体的智慧，为实现中核集团“三位一体”奋斗目标、中国核电“两个十五年”发展目标、秦山核电“一体两翼”发展战略和“1+1+2+4”发展思路贡献力量，勇做新时代核电领跑者，奋力谱写“国之光荣”崭新篇章。

秦山核电 副总经理：

前　言

本教材为秦山核电核燃料管理人员岗位必读培训教材，也可作为该岗位新进员工上岗前了解、熟悉和掌握本专业岗位知识的学习教材，同时可作为电厂运行人员和相关管理岗位的专业技术人员的学习或工作参考资料。

根据本专业岗位规范和职责规定，本教材的内容共十七章，包括核燃料相关法规、核燃料介绍、核燃料制造技术、制造质量监督、核燃料贮存管理、核燃料性能管理等。学习人员可根据自己的知识水平、工作技能、岗位系统化培训以及工作的需要，选择相关内容或某类知识进行侧重学习。

在本教材的编制过程中，主编邓志新、副主编邹森、石中华及核燃料科全体人员讨论确定了教材内容框架，并分工编写内容：第一章由代前进、张旭辉编写；第二章和第八章由石中华编写；第三章由林锘涵、董兆雄、王文利、杨振中编写；第四章由王玲彬、石中华编写；第五章由王文利、杨振中、周忠政编写；第六章由胡胜编写；第七章由张旭辉编写；第九章和第十五章由林锘涵编写；第十章由吴季青、钟波、周忠政编写；第十一章由钟波编写；第十二章由董兆雄、胡胜、吴季青编写；第十三章由王玲彬编写；第十四章由周忠政编写；第十六章和第十七章由代前进编写。在此对上述各位同仁为本教材的升版付出的辛勤工作表示感谢！

由于时间仓促，加之水平有限，教材中难免会有错误和疏漏，恳请学员指正！

编　者

2022 年 7 月

目　　录

第1章 概　　述

目前全世界运行的核电站中,轻水堆占85%以上。在轻水堆中,压水堆(pressurized water reactor,PWR)占70%以上。在今后一段时间内建造的核电站中,压水堆数量仍将占据首位。

世界上第一座试验性压水堆核电站是20世纪50年代初美国根据核潜艇压水堆技术在希平港建造的,其电功率为60 MW,经过长期运行和改进,其电功率逐渐达到140 MW,于1984年退役拆除。

美国西屋公司在此基础上于1961年建造了电功率为175 MW的扬基压水堆核电站。反应堆中采用低浓缩度的二氧化铀和不锈钢包壳的燃料组件,组件间设置十字形控制棒。这种压水堆也就被视为现代压水堆核电站的先驱。

与此同时,美国的燃烧工程公司和巴布科尔·威尔科克斯公司也相继研究、发展压水堆核电站。

西屋公司在扬基压水堆核电站的基础上进一步改进设计,建造了哈达木海峡和康涅狄格扬基等核电站,并向日本、德国和法国转让了压水堆核电站技术。20世纪80年代压水堆核电站以来,各国在总结压水堆核电站运行经验的基础上设计、建造了更加安全可靠、经济效益高的改进型压水堆核电站。

从20世纪50年代初世界上第一座试验性压水堆核电站建成至20世纪80年代逐渐发展成熟并在商业上推广使用的近40年中,压水堆核电站经历了若干阶段的发展变化,概括起来说主要是:

- 反应堆单堆功率愈来愈大;
- 比功率和功率密度不断提高,比流量不断减少;
- 燃耗不断加深;
- 发电效率逐渐增加,经济效益逐渐提高。

压水堆技术的不断发展成熟与燃料元件的不断改进密切关联。

由于燃料元件的设计与制造技术直接关系到核电站的安全性、经济性和先进性,因此,国内外都极其重视燃料元件的设计改进并在压水堆核电站的技术发展过程中不断地解决燃料元件设计与运行中出现的种种问题。

从20世纪50年代初至今,已对压水堆燃料元件的结构形式、燃料棒包壳材料、燃料棒尺寸、功率密度、燃耗等方面的设计进行了一系列的改进,旨在不断提高中子经济性,改善传热性能,增加运行安全裕量,使机械性能更为合理可靠。

美国西屋公司是目前世界上制造压水堆能力最强的一家公司,其生产压水堆燃料元件的组件(即燃料组件)历史也是最长的。西屋公司设计的燃料组件的演变过程可分为六个阶段。

第一阶段:用于美国扬基罗反应堆(1960年建成)中的燃料元件。这个堆的燃料元件由厚壁退火的348牌号不锈钢包覆UO_2所组成。其排列方式是由6×6根燃料棒组成一个部件,再由3×3个部件组成一个整体燃料组件。当时燃料组件还没有定位格架,因而在元件棒上排列有许多小圈钎焊在包壳管中,进而连成刚性小组件。采用十字形控制棒,其下部装有 Zr-2 合金挤水棒。浓度较高的燃料(3.6%)装在堆芯周围,浓度较低的燃料(2.63%)放在堆芯中心,以利展平中子通量。

第二阶段:代表性设计是意大利的特里诺反应堆(1965 年建成)燃料元件。其特点是燃料包壳使用强度较高的冷加工的 304 牌号不锈钢,以减少包壳厚度。在燃料组件侧板上有小孔,可提高冷却剂的混合效果,并减少了吸收中子的结构材料。采用不锈钢定位格架来支承燃料棒。为提高燃耗,防止燃料芯块肿胀,芯块两个端面做成碟形。

第三阶段:代表性设计是美国的康·扬基反应堆(1967 年建成)燃料元件。该燃料组件取消了侧板,提高了中子经济性,且使冷却剂混合得更好。用束棒控制棒代替了十字形控制棒,均匀对称地布置在燃料组件内的不锈钢导向管中。采用这种布置可减少控制棒提升后的水隙和局部中子峰度,且省去了挤水棒;可减少堆芯下部空间和压力容器尺寸。由于控制棒较细,又均匀分散于燃料组件中,因此控制棒对功率分布的不均匀影响也减少了。

第四阶段:这一阶段的改进以瑞士的贝兹瑙反应堆(1969 年建成)燃料元件为代表。为提高中子经济性,节省核燃料而将包壳材料和不锈钢控制棒导向管换成 Zr-4 合金。燃料有效长度从 10 ft[①] 增加到 12 ft。将中心部位的非加压型燃料元件改为内部充氦的加压型燃料元件,而堆芯周围仍使用非加压型燃料元件。为减少堆内控制棒数目和降低一回路硼浓度,在某些控制棒导向管内加可燃毒物(硼硅玻璃)提高了反应性控制能力,以保证慢化剂的负温度系数,并使堆芯径向功率分布更加稳定。

第五阶段:这一阶段的改进以美国塞科亚反应堆(1974 年建成)燃料元件为代表。为进一步提高中子经济性,将因科镍定位格架改为 Zr-4 合金。采用了"部分长度的控制棒",这种控制棒外形及结构与全长度束棒控制棒相同,但中子吸收体(银-铟-镉合金)装在堆芯下方 1/4 部位,另外 3/4 是中子吸收能力小的材料,这样可以调节轴向功率分布,并对氙毒振荡而引起的功率空间振荡有控制效果。

第六阶段:这一阶段以美国西屋公司承建的"勇士"号反应堆(117 万千瓦,1979 年建成)的燃料元件为代表。美国 1975 年以后陆续建成的大型压水堆,其燃料元件均采用这种设计。法国的弗森海姆压水堆燃料元件也采用同样的设计。这一阶段,压水堆燃料元件改进比较大,其特点是,燃料棒采用 17×17 的排列方式。每一个燃料组件有燃料棒 264 根,有控制棒导向管 24 根。这种燃料组件与 15×15 排列的燃料组件有相同的几何形状和功率水平,但总长度比 15×15 组件增加了 30%,燃料组件内水-铀比基本不变。这种组件降低了堆芯平均功率和燃料棒线功率。改善了燃料棒的可靠性。由于燃料棒数量增加,直径变细,线功率密度减小,使热负荷大大下降,因而加大了热裕度,燃料中心温度也随之降低,所以当发生失水事故时,包壳最高温度也降低了 278 ℃左右。

① 1 ft=30.48 cm。

第2章 核燃料相关法规规范

2.1 概　　述

燃料元件是重要的核心部件，是反应堆的心脏。燃料元件的设计与制造技术直接关系到核电站的安全性、经济性和先进性，相关材料的管理也十分重要。我国专门制定了一系列与核材料管制，核燃料设计、制造、采购等相关的核安全法规（HAF）和核安全导则（HAD）来规范国内核材料持有机构的核材料管理工作。本章主要介绍了核安全法规、核安全守则中关于燃料管理的相关规定，同时简要介绍了一些国外核燃料管理的相关规定。

2.2 核安全法规相关规定

核安全法规是国内所有与核相关的产业必须遵守的法规，其对核电厂核燃料管理有比较明确的规定，核电厂必须通过具体的大纲、规程和要求等来保证在燃料设计、使用以及后处理中遵守相关规定。对核电厂燃料管理有具体规定的主要有以下几部法规：

HAF501《中华人民共和国核材料管制条例》；

HAF501-01《中华人民共和国核材料管制条例实施细则》；

HAF102《核电厂设计安全规定》；

HAF103《核电厂运行安全规定》；

HAF103-01《核电厂换料、修改和事故停堆管理》。

2.3 核安全导则相关规定

核安全导则是由国家核安全监督管理机构和政府有关行政部门制定和颁布的对行政法规和部门规章所做的解释说明和具体规定的指导性文件。它一般不具有法律约束力，但核电厂在实践中，通常也须遵照执行；否则必须向核安全当局证明所采用的方法和方案至少具有与本级导则相同的安全水平且不会对核电厂人员和公众增加风险。

核安全导则分为通用系列、核动力厂系列、研究堆系列、核燃料循环设施系列、放射性废物管理系列、核材料管制系列六个系列。涉及核电厂燃料和堆芯管理方面的导则主要有以下几个：

通用系列的《核燃料组件采购、设计和制造过程中的质量保证》（HAD003/10）；

核动力厂系列的《核电厂堆芯的安全设计》（HAD102/07）、《核电厂燃料装卸和贮存系统》（HAD102/15）和《核电厂堆芯和燃料管理》（HAD103/03）；

核燃料循环设施系列的《乏燃料贮存设施的设计》（HAD301/02）、《乏燃料贮存设施的运行》（HAD301/03）和《乏燃料贮存设施的安全评价》（HAD301/04）；

核材料管制系列的《核动力厂实物保护导则》（HAD501/02）。

2.3.1 通用系列

通用系列中有一个核安全导则和核燃料紧密相关，即《核燃料组件采购、设计和制造过程中的质量保证》(HAD003/10)。

该导则是根据《核电厂质量保证安全规定》(HAF003)中提出的原则和目标制定的，专门用于叙述核燃料组件采购、设计和制造中的质量保证。

《核燃料组件采购、设计和制造过程中的质量保证》包括引言，采购管理，燃料组件设计管理，燃料组件制造工艺控制，燃料组件的包装、运输和贮存，燃料组件在核电厂现场的收货检查6个部分的内容。

2.3.2 核动力厂系列

核动力厂系列有3个导则与核电厂燃料和堆芯管理紧密相关，即《核电厂堆芯的安全设计》(HAD102/07)、《核电厂燃料装卸和贮存系统》(HAD102/15)和《核电厂堆芯和燃料管理》(HAD103/03)。

《核电厂堆芯的安全设计》(HAD102/07)是对《核电厂设计安全规定》(HAF102)更具体的解释说明，为HAF102的实施提供指导，为反应堆堆芯及反应性控制提供原则性的设计方案。该导则包括引言，安全设计原则，堆芯设计要求，鉴定和试验，设计、制造和运行的质量保证等5个方面的内容。在堆芯设计要求部分，对燃料元件和燃料组件、冷却剂、慢化剂、反应性控制手段、堆芯监测系统、反应堆停堆手段、堆芯及有关结构堆芯管理、瞬态分析和事故分析等方面都提出了相应的技术要求。

《核电厂燃料装卸和贮存系统》(HAD102/15)是《核电厂设计安全规定》(HAF102)中关于陆基热中子堆核电厂安全设计最低要求的有关条款的解释说明，目的是对核电厂燃料装卸和贮存系统设计中需要注意的安全事项提供指导。该导则包括引言、设计和安全总原则、未辐照燃料的装卸和贮存、已辐照燃料和其他堆芯部件的装卸和贮存、已辐照燃料运输容器的装卸和运输、多堆核电厂考虑事项、性能要求、质量保证文件等8个方面的内容。

《核电厂堆芯和燃料管理》(HAD103/03)是为进一步落实《核电厂运行安全规定》(HAF103)中核电厂堆芯和燃料管理的基本原则和目标而制定的，对HAF103有关条款进行解释说明。该导则包括引言、堆芯管理、未辐照燃料的管理、换料计划的实施、已辐照燃料的贮存、堆芯部件的管理、发送燃料的准备、堆芯管理的监督、行政管理和组织工作、记录等10方面的内容。

2.3.3 核燃料循环设施系列

核燃料循环设施系列有3个导则与核电厂燃料和堆芯管理密切相关，即《乏燃料贮存设施的设计》(HAD301/02)、《乏燃料贮存设施的运行》(HAD301/03)和《乏燃料贮存设施的安全评价》(HAD301/04)。

《乏燃料贮存设施的设计》(HAD301/02)是对《民用核燃料循环设施安全规定》有关条款的解释说明。目的是为乏燃料中间贮存设施的设计提出详细要求和建议，确保和控制乏燃料贮存设施的安全水平和质量。良好的设计是确保乏燃料贮存设施安全运行的关键。设计必须提供有效的特性，使得在设施寿期内，在运行状态和设计基准事故工况下均能保证乏燃料处于次临界状态，排出乏燃料余热，提供辐射防护和保持对放射性物质的包容，从而确保乏燃料的接收、操作、贮存和外运给人员健康、安全或环境带来的风险降至最低。该导则包括引言、总则、特殊设计要求、辅助系统、质量保证、检查与维护、退役7个方面的内容。在总则部分,规定了乏燃料贮存设施的设计要求、乏燃料贮存设施的设计流程、次临界度、乏燃料贮存设施构筑物与布置、辐射防护、放射性物质的包容、热量的排出、贮存设施使用的材料、乏燃料操作设备与操作、贮存设施的厂址、核材料管制与实物保护、运行考虑等。

《乏燃料贮存设施的运行》(HAD301/03)是对《民用核燃料循环设施安全规定》有关条款的补充说明,目的是为乏燃料中间贮存设施的运行提出详细要求和建议。该导则包括引言,主要运行活动,基本运行安全考虑,管理,人员培训与资格,调试,运行限值和条件,运行程序维护、调试,检验和检查,辐射防护与环境保护,质量保证,核材料管制和实物保护,退役13个方面的内容。

《乏燃料贮存设施的安全评价》(HAD301/04)是对《民用核燃料循环设施安全规定》有关条款的解释和说明,目的是详细说明如何评价乏燃料贮存设施的安全性以及如何形成文件。该导则包括引言、安全评价总则、运行状态安全评价、事故安全评价、安全分析报告等5部分内容。

2.3.4 核材料管制系列

《核动力厂实物保护导则》(HAD501/02)是核材料管制系列中和核电厂燃料和堆芯管理相关的一份导则,该导则的目的在于对我国核动力厂的实物保护提供指导性原则;对核电厂的设计、建造和运行中的实物保护提出一个统一的基本要求。该导则包括引言、设计原则、实物保护组织机构及其职责、固定场所的实物保护、质量保证、突发事件处置等6方面内容。

第3章　核燃料介绍

3.1　AFA 系列燃料组件及相关组件介绍

AFA 系列燃料组件是法国法马通公司借鉴西屋公司技术，同时吸收法国本国核电站运行核燃料的反馈经验，形成的法国压水堆核电完全自主和核燃料制造系列化、标准化的国产化产物。从最初的标准燃料组件（SFA）到现今最新的 AFA3GAA，其发展轨迹为 SFA→AFA→AFA2G→AFA2GE→AFA3G→AFA3GAA。秦山核电站基地中，CNP600 压水堆核电厂原先采用 AFA2G 17×17 型燃料组件，现采用 AFA3GAA 17×17（全 M5）型燃料组件，方家山 M310 压水堆核电厂采用 AFA3G 17×17（Zr-4）型燃料组件。

CNP600 压水堆核电厂堆芯由 121 个燃料组件组成，方家山 M310 压水堆核电厂堆芯由 157 个燃料组件组成。AFA3G/AFA3GAA 17×17 型燃料组件的每个燃料组件内含有呈 17×17 方形排列的 264 根燃料棒，它们由堆芯下栅格板和堆芯上栅格板定位，另有 24 根导向管（可放置控制棒、可燃毒物棒或中子源）和 1 个仪表导向管。每根燃料棒由烧结的二氧化铀（UO_2）芯块装在锆合金包壳内组成（图 3-1）。

相关组件包括控制棒组件、一次中子源组件、二次中子源组件、可燃毒物组件、阻流塞组件。

3.1.1　AFA2G 燃料组件

CNP600 压水堆核电厂曾经使用过 The second generation of Advanced Fuel Assembly（AFA2G）17×17 型燃料组件。AFA2G 燃料组件由骨架及 264 根燃料棒组成。骨架由 24 根导向管、1 根仪表管、8 层定位格架及上、下管座组成（图 3-2）。仪表管位于 FA 中心，用于插入中子测量仪表。导向管用于插入控制棒组件及其他相关组件。8 层定位格架被焊接固定在 24 根导向管及仪表管上。燃料棒由 8 层定位格架夹持，使其保持相互间的横向间隙以及与上、下管座间的轴向间隙。

3.1.1.1　燃料棒

将 UO_2 芯块装入 Zr-4 包壳内，并在包壳两端加端塞封焊而成。芯块与包壳内壁之间留有适当的径向间隙，棒上端留有气腔，用于容纳预充氦气和释放的裂变气体并减轻“芯块-包壳之间相互作用（Pellet-Clad Interaction，PCI）”及防止包壳发生蠕变坍塌。气腔内装有不锈钢压紧弹簧以防止辐照前的装卸及运输过程中 UO_2 芯块的窜动。

3.1.1.2　燃料芯块

燃料芯块为实心圆柱体，由低富集度 UO_2 粉末经压制、烧结、磨削以达到所要求的密度和尺寸。为减少轴向膨胀和 PCI，芯块两端做成浅碟形并倒角。芯块制造工艺必须稳定，以保证成品芯块的化学成分、密度、尺寸及显微组织满足要求。

假燃料组件燃料棒内装钼芯块，以达到模拟燃料组件重量的目的。

3.1.1.3　上管座

上管座是一个盒式结构，它作为燃料组件的上部结构，除为控制棒组件和其他相关组件提供保护空腔外，还作为冷却剂出口。它由一块上框板、一块连接板和一个正方形围板焊接成一个整体。四组压紧板弹簧用螺钉分别固定在上框板顶部四边上。连接板上开有多个长孔，冷却剂经过这些孔后进入上管座空腔经混合后流出上管座。所开流水孔与燃料棒位置错开以防止燃料棒向上窜出上管座。

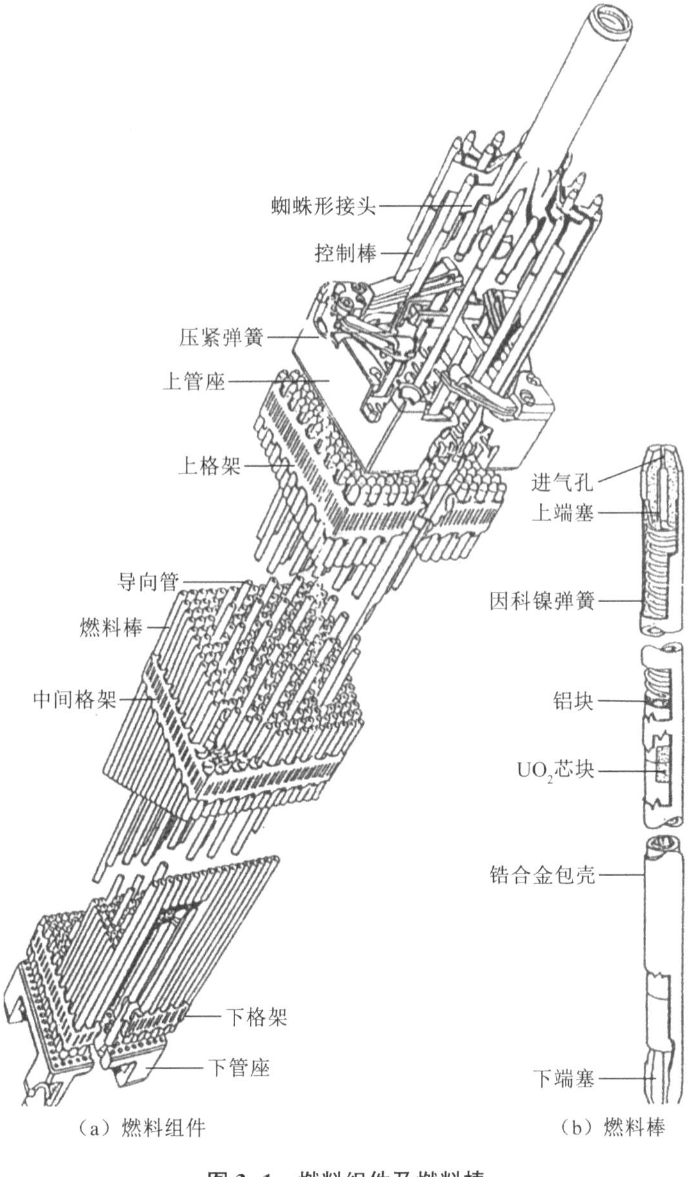

图 3-1 燃料组件及燃料棒

正方形上框板中间用于插入控制棒组件、其他相关组件及吊装工具。上框板一组对角线分别开有定位销孔，用于与堆芯上栅格板的两个定位销相配合，使燃料组件顶端精确定位。四组板弹簧(每组 4 片)给燃料组件提供足够的压紧力以防止燃料组件轴向窜动并保证燃料组件始终坐落在堆芯下栅格板上。板弹簧组件最上一片弹簧带有一钩杆将其余三片弹簧串起并钩在上框板钩槽内，所以即使板弹簧发生断裂也不会阻碍控制棒组件运动。

导向管与上管座采用可拆结构连接,即通过带裙边的套筒螺钉将导向管部件上端固定在上管座连接板上,然后使用专用胀紧工具将套筒螺钉的裙边胀到连接板的梅花凹坑内以防止套筒螺钉松动。需要时,用足够的反向力矩可以把套筒螺钉松开,取出上管座。复装时,只需更换新的套筒螺钉。套筒螺钉轴向开有通孔,用于接受控制棒及相关组件单棒插入及冷却剂流动。

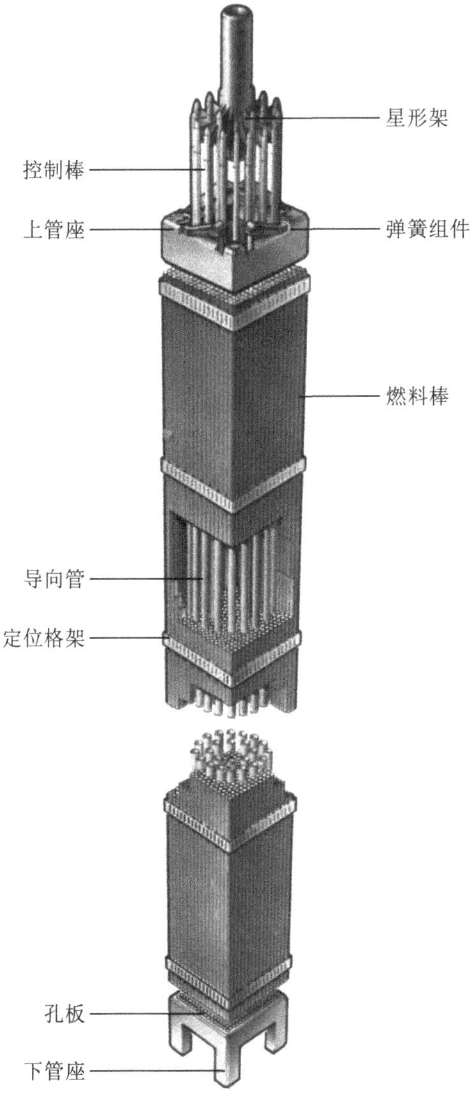

图 3-2 AFA2G 燃料组件

3.1.1.4 下管座

下管座为正方形盒式结构,由四个支腿及一块正方形孔板焊接而成。它作为燃料组件的底部构件,将燃料组件所受到的横向载荷及轴向载荷传递到堆芯下栅格板上,并分配流入燃料组件的冷却剂流量。孔板上所开圆形流水孔与燃料棒位置错开,防止由于格架松弛造成燃料棒落入流水孔中。在两个相对的支腿上开有定位销孔,通过与堆芯下栅格板上的定位销配合使燃料组件在堆内精确定位。为防止金属异物进入燃料组件,在下管座下表面装有金属滤网。滤网靠 6 个不锈钢铆钉及支腿内侧凸台固定在下管座下表面。

导向管与下管座采用可拆接头连接。方式为:导向管下端焊有一个带内螺纹的端塞,再用一个带裙边的轴肩螺钉将它固定在下管座孔板上,使其精确定位,然后用专用工具将轴肩螺钉的裙边胀到孔板凹坑内,以防止螺钉松动。轴肩螺钉开有轴向通孔,用于增加对控制棒的冷却作用(运行时)和防止导向管底部存水(换料时)。

3.1.1.5　导向管和仪表管

24 根导向管与上、下管座机械连接,1 根仪表管含在上、下管座阶梯孔中。它们与 8 层定位格架焊接共同组成燃料骨架。导向管用于容纳控制棒及其他相关组件单棒。每根导向管有两个不同的直径。上段直径较大,便于控制棒快插,并在正常运行时使冷却剂流出。下段直径较小,当控制棒快速下插时在行程末端对控制棒产生水力缓冲作用。两端之间采用锥形过渡。在靠近缓冲段的较大直径管段上开有四个流水孔,用于冷却控制棒和快插控制棒时使受压的冷却剂流出导向管。缓冲段位于最下两层格架之间,便于导向管与定位格架的连接。仪表管用于容纳中子通量测量仪表,直径无变化。

3.1.1.6　定位格架

沿燃料组件高度方向设置了 8 层定位格架,用于夹持燃料棒并保持棒间距。位于中间的 6 层格架带有搅混翼,可加强冷却剂搅混作用从而改善放热,两端部格架不带搅混翼。定位格架由 Zr-4 条带和镶嵌在条带上的因科镍-718 弹簧夹构成。在 17×17 的正方形格架栅元中,有 25 个栅元被导向管及仪表管所占据,其余 264 个栅元被燃料棒占有。利用格架上点焊舌与导向管及仪表管点焊连接。每一栅元内燃料棒靠 6 点支承(4 个刚性支点及 2 个弹性支点)。弹簧夹持力大小应合理选取。

外条带比内条带稍厚并带有导向翼,以利于燃料组件装卸操作。

3.1.2　AFA3G 燃料组件

CNP600 压水堆核电厂已普遍使用 17×17 AFA3G 型燃料组件替代 AFA2G 型燃料组件。秦山第二核电厂 1#、2#机组分别自第五燃料循环(U1C5)和第二燃料循环(U2C2)开始使用 AFA3G 燃料组件,并经过几次混合堆芯过渡循环逐渐过渡到全 AFA3G 平衡循环。方家山 M310 压水堆核电厂 1#、2#机组于首炉循环就已使用 17×17 AFA3G 型燃料组件。

AFA3G 型燃料组件是法国法马通在总结 AFA2G 燃料组件制造和堆内运行经验反馈的基础上,采用新材料、新结构形式和新工艺等技术之后发展出来的。

AFA3G 燃料组件的设计改进主要着力于改善燃料组件的抗弯曲能力、提高燃料棒包壳管的抗水腐蚀能力、改善燃料组件防碎屑能力、降低燃料组件的吊装风险及增加其热工水力裕度等。

AFA3G 燃料组件由上管座、下管座、两个端部格架、6 个中间搅混格架、3 个中间跨间搅混格架、24 根导向管和 1 根测量管构成的骨架,加上 264 根燃料棒构成,燃料棒按 17×17 方式排列。图 3-3 为 AFA3G 燃料组件的结构简图。

3.1.2.1　骨架

燃料组件骨架如图 3-4 所示。

3.1.2.2　燃料棒

AFA3G/AFA3GAA 燃料组件(图 3-5)与 AFA2G 燃料组件相比,设计和结构上的不同点有以下 5 个方面。

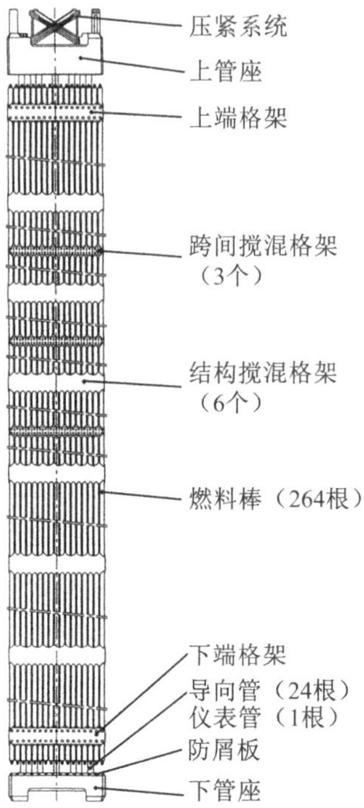

图 3-3　AFA3G 燃料组件

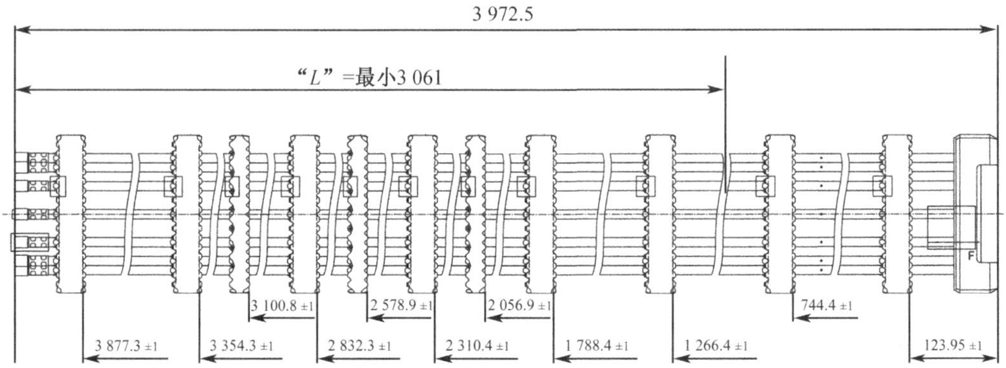

图 3-4　燃料组件骨架总图(单位:mm)

(1)材料发生变化。

包壳管、端塞均由 Zr-4 合金变成 M5 合金,M5 合金性能优于低锡 Zr-4 合金,其比较如下:

水腐蚀	改善	3~4 倍
吸氢	改善	5~6 倍
辐照增长	改善	2~3 倍
热蠕变	改善	2~3 倍

(2)端塞设计成可抓住的锥形状。

(3)燃料棒长度增加,芯块柱长不变,实际是增加了弹簧空腔长度。

(4)棒内充氦压力较 3.1 MPa 减小。

(5)取消了下端塞顶部打丰度标记的要求。

此设计改进的作用:燃料棒空腔长度增加,棒内氦压降低,可容纳高燃耗下芯块释放出较多的裂变气体,保持棒内压不超过设计准则;端塞设计成可抓住的锥形状,便于燃料棒装卸。

3.1.2.3 导向管部件与通量管

AFA3G 燃料组件与 AFA2G 燃料组件相比,导向管变化较大。AFA2G 导向管由带缩径段的等壁厚 Zr-4 合金制成,AFA3G 燃料组件导向管由加粗等外径、变内径、增壁厚的再结晶 Zr-4 合金制成。AFA3G 燃料组件的导向管部件仅由导向管和下端塞组成,焊接后取消 X 光检查,做腐蚀和拉伸试验。通量管在尺寸上略有变化。导向管、导向管端塞、通量管材料为再结晶 Zr-4 合金,再结晶 Zr-4 合金在堆内的辐照增长较小。导向管套筒材料由 Zr-4 合金变成 316L 不锈钢。

这种设计改进使导向管横向刚度提高 25%~30%,从而增加了燃料组件的结构刚度和硬度,在缓冲区可使控制棒和导向管之间的摩擦降低一半,从而确保了控制棒时间的要求和末速度的要求。

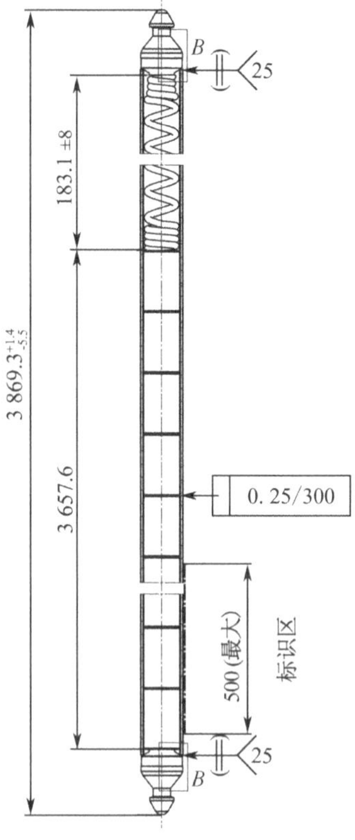

图 3-5 燃料棒总图

单位:(mm)

3.1.2.4 格架

与 AFA2G 燃料组件相比,在 AFA3G 燃料组件中除原有的 8 个结构格架外,在组件功率密度最大的四个格架间增加了 3 个中间跨间搅混格架(MSMG)。结构格架主要有外条带、条带材料、限位刚凸等变化。结构条带材料由消除应力 Zr-4 合金变成再结晶 Zr-4 合金,弹簧材料不变,仍为因科镍 718 合金,中间跨间搅混格架(图 3-6)材料也为再结晶 Zr-4 合金。

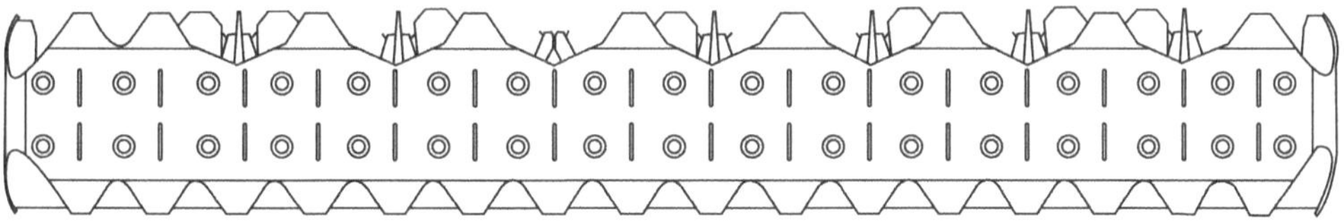

图 3-6 中间跨间搅混格架

与 AFA2G 燃料组件相比,AFA3G 燃料组件在设计上有以下的不同点:

(1)结构格架加大,外形尺寸变大,但栅间距不变,只是外条带刚凸加高,导向翼变长,中间跨间搅混格架外形尺寸比结构格架更小、更矮;

(2)每个结构格架角部 5 个相邻栅元中增加限位凸起;

(3)由于导向管变粗,定位格架导向管栅元处要向外扩张;

(4)AFA2G 燃料组件端部格架内条带厚度为 0.40 mm,中间格架内条带厚度为 0.425 mm,AFA3G 燃料组件端部格架、中间格架和中间跨间搅混格架均为内条带厚度统

一,外条带厚度统一,这样设计主要是为了方便制造中生产;

(5)中间跨间搅混格架栅元没有弹簧,仅在每侧壁上有一个半球形刚性凸起,格架上部有搅混翼,中间跨间搅混格架与导向管的连接完全与结构格架一样。

格架结构设计的改进降低了吊装时相邻组件格架间钩挂及周边格架弹簧损坏的风险。这样既在保证安全吊装条件下减小了组件的间距,又具有满意的辐照行为,而且便于从外观上区分 AFA2G 与 AFA3G 燃料组件。

中间跨间搅混格架增加了 30%的 DNBR(偏离泡核沸腾)裕量,提高了峰值因子的限值,提高了组件的刚性与抗弯能力。

3.1.2.5 上管座部件

AFA3G 燃料组件与 AFA2G 燃料组件上管座部件相比,上管座高度、匹配板厚度、流水孔形状以及板弹簧等存在变化。以下为 AFA3G 在结构、材料以及设计上与 AGA2G 的异同点:

(1) AFA3G 上管座零部件所用材料与 AFA2G 相同,上管座为 AISI 304L 不锈钢,板弹簧材料为因科镍 718 合金;

(2) AFA3G 上管座总高度变小;

(3) AFA3G 匹配板厚度减小;

(4) AFA3G 上管座流水孔形状主要由长槽形+小圆孔变成三角形孔,使水流阻力减小 6%(图 3-7);

(5)板弹簧由 AFA2G 的左、右两种变为一种,板弹簧变宽、变薄,弹簧螺钉也略有变化。

这种设计改进的作用:减小上管座高度,增大上、下管座距离,有利于加深燃耗、增加燃料棒的辐照生长量以及降低压降;优化的上管座以及压紧系统设计降低了燃料组件所受的轴向载荷。

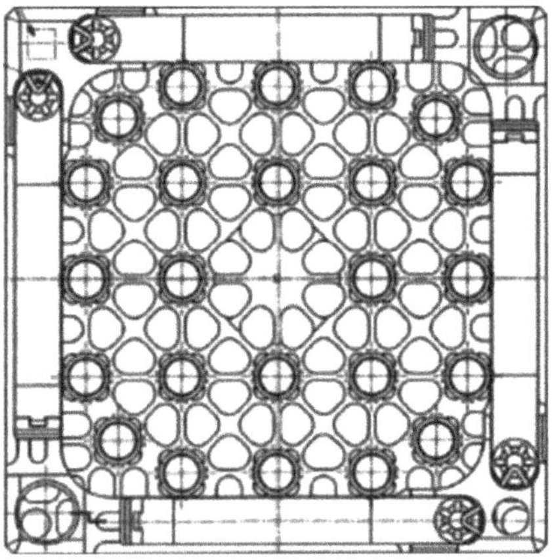

图 3-7 上管座组装件

3.1.2.6 下管座部件

AFA3G 燃料组件与 AFA2G 燃料组件相比,下管座加工工艺、高度、匹配板厚度、流水孔(图 3-8)形状以及碎屑捕集板(TRAPPER™)等存在变化。以下为 AFA3G 在材料、结构以及设计上与 AFA2G 的异同点:

(1)材料。

①AFA3G 下管座零部件所用材料与 AFA2G 相同,均为 AISI 304L 不锈钢;

②防屑装置方面 AFA2G 滤网材料为因科镍 718 合金,而 AFA3G 防屑板材料为 AISI 660 不锈钢;

③AFA3G 下管座固定销所用材料为 AISI 304L 不锈钢,另增加 ϕ0.8 焊丝,材料为 AISI 308L 不锈钢。

(2)AFA3G 下管座总高度变小。

(3)AFA3G 匹配板厚度变小。

(4)AFA3G 下管座流水孔形状主要由小圆孔变成大方孔,使水流阻力减小 20%,如图 3-8 所示。

(5) AFA3G 防屑装置厚度变大,筋宽变大,网眼尺寸不变,安装部位由原来的匹配板下部变成匹配板上部,防屑板用硬质不锈钢厚板,经电化学工艺加工而成,通过位于下管座的不锈钢销钉点焊在匹配板上面。

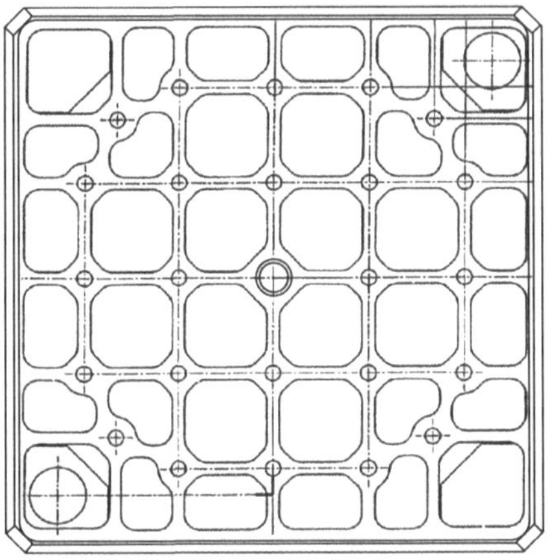

图 3-8 下管座流水孔示意图

(6) 由于 AFA3G 下管座变薄,流水孔增大,管座强度降低,容易变形,因而下管座使用整块不锈钢加工,不再焊接支腿。

这种设计改进后的下管座的防屑能力更高且更为有效。

3.1.3 相关组件

相关组件包括控制棒组件、一次中子源组件、二次中子源组件、可燃毒物组件、阻流塞组件。

CNP600 和 M310 压水堆核电厂采用的束棒控制组件(简称控制棒组件)用于控制快速反应性变化,并用于停堆。将一束中子吸收棒的上端固定在共用的星形架组件上,构成了束棒控制组件,如图 3-9 所示。控制棒设计所用的吸收体材料为模压成型的 Ag-In-Cd 合金棒。Ag-In-Cd 合金棒被封装在表面渗氮的 316L 不锈钢管中。在棒中留有足够的直径间隙和端部间隙,以适应不同热膨胀和材料肿胀。控制棒下端塞呈弹头形,以减小反应堆紧急停堆时的水力阻力,并平滑地导入燃料组件导向管的缓冲段。

中子源组件是为了提供起始中子通量水平,以保证中子探测器工作和对堆芯增殖中子的响应。首次装料时,同时装入一次中子源组件和二次中子源组件。一次中子源棒含有放射性材料(锎),在首炉装料和反应堆启动时,自发地发射中子。当一次中子源棒衰变到低于设计的中子通量水平之后,由二次中子源棒提供中子。二次中子源棒含有一种稳定材料(Sb-Be),Sb-Be 在反应堆运行时因受中子轰击而被活化。在反应堆堆芯中放置了 2 个一次中子源组件,2 个二次中子源组件。每个一次中子源组件含有一根一次中子源棒、一根二次中子源棒和一些可燃毒物棒。每个二次中子源组件含有对称布置的二次中子源棒。在这两种类型的中子源组件中,凡不装中子源棒或可燃毒物棒的位置都装阻流塞棒。

可燃毒物组件由固定在压紧组件上的可燃毒物棒组成。由于核设计的考虑,可燃毒物棒被插在燃料组件内所选择的导向管中。

换料堆芯不装载一次中子源组件和可燃毒物组件。

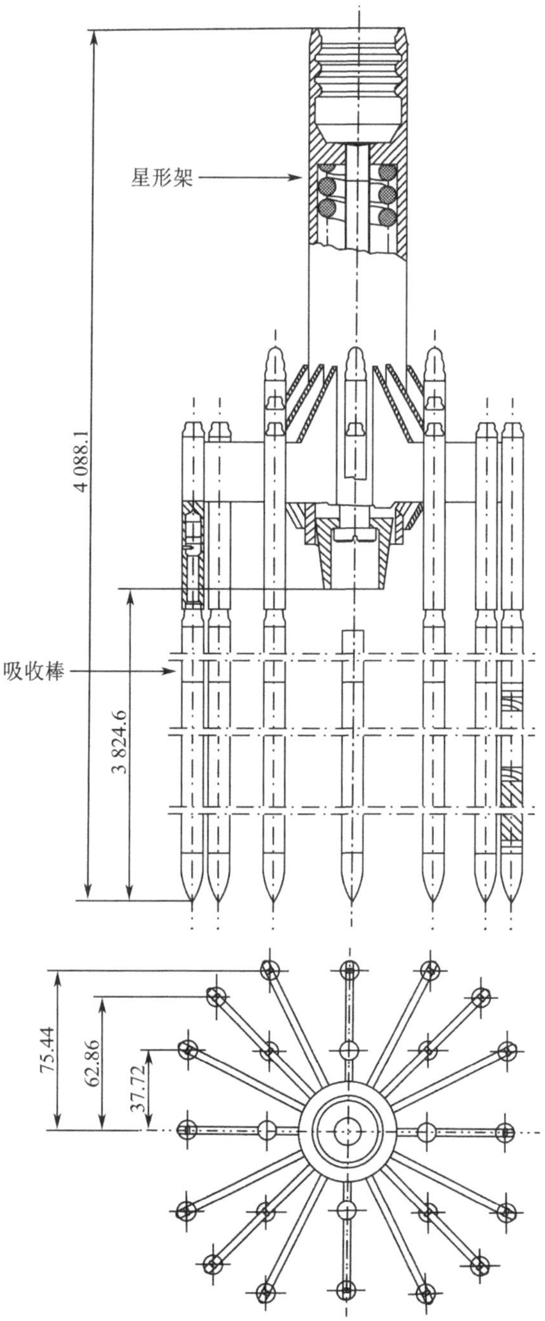

图 3-9　控制棒组件示意图(单位:mm)

阻流塞组件的作用是限制通过燃料组件内控制棒导向管的旁流量,阻流塞棒位于不放控制棒、中子源棒,也不放可燃毒物棒的那些导向管中。阻流塞组件由一个固定板、悬挂在固定板下面的短棒和一组组合弹簧组件构成。24 根短棒(称为阻流塞棒)插入导向管的上端部,以减小旁通流量。类似的短棒也在中了源组件和可燃毒物组件中使用,以塞住所有空导向管的端部。除弹簧之外，阻流塞组件的所有部件由 304 型不锈钢制成。弹簧由因科镍 718 制成。

3.1.3.1 控制棒组件

一个控制棒组件由 24 组控制棒固定在星形架（也称为连接柄）指状杆上组成。

3.1.3.2 星形架

星形架由翼板和中心筒及圆柱体指状杆钎焊连接成一体。

中心筒是中空的。上部带有凹槽以便与驱动杆相连。中心筒下部有一个弹性系统，其功能是避免控制棒组件下插行程末端时中心筒与上管座连接板刚性接触。弹性系统包括一个缓冲弹簧，一个弹簧座及一个张紧弹簧。

每个翼板上面带有一个或两个指状杆，指状杆中有内螺纹用来连接吸收棒。将控制棒拧入指状杆，然后从指状杆外表面进行配钻，将销钉打入配钻孔，最后进行点焊防松。

3.1.3.3 控制棒

控制棒是将 Ag-In-Cd 吸收体及压紧弹簧装入包壳管内充氦后密封焊接而成的吸收棒。为改善包壳耐磨性，对控制棒包壳管外表面和下端塞进行了渗氮处理。为减缓 Ag-In-Cd 合金辐照肿胀影响，吸收体下端一段直径略小。控制棒下端塞被设计成弹头形。当控制棒插入导向管时起导向作用。上端塞上部带有缩颈段，以增加控制棒柔度从而减小控制棒与导向管间的摩擦。控制棒组件所用材料见表 3-1。

表 3-1 控制棒组件所用材料

项目	材料
中心筒	AISI 304L
翼板	
张紧螺杆	
指状杆	AISI 304
缓冲弹簧	因科镍 718
弹簧座	AISI 630
防松销钉	AISI 308
包壳管	AISI 316L（渗氮）
上、下端塞	AISI 308 mod
吸收棒内弹簧	AISI 302
吸收体	Ag-In-Cd

3.1.3.4 一次中子源组件

含有一次中子源棒、二次中子源棒和阻流塞棒的相关组件称为一次中子源组件。

一次中子源组件含有一根一次中子源棒、一根二次中子源棒、16 根可燃毒物棒和 6 根阻流塞棒。将这些棒通过螺母连接到压紧组件上便构成一次中子源组件。初始堆芯中装两组一次中子源组件，如图 3-10 所示。

一次中子源棒内装有锎-252（^{252}Cf）中子源。锎-252 中子源上部和下部装有三氧化二铝垫块。锎-252 中子源位于堆芯约四分之一高度处。每根棒中锎-252 中子发射率在反应

堆启动时为 8×10^8 n/s。锎-252 中子源的半衰期为 2.64 年。一次中子源组件主要技术数据见表 3-2,一次中子源组件所用材料见表 3-3。

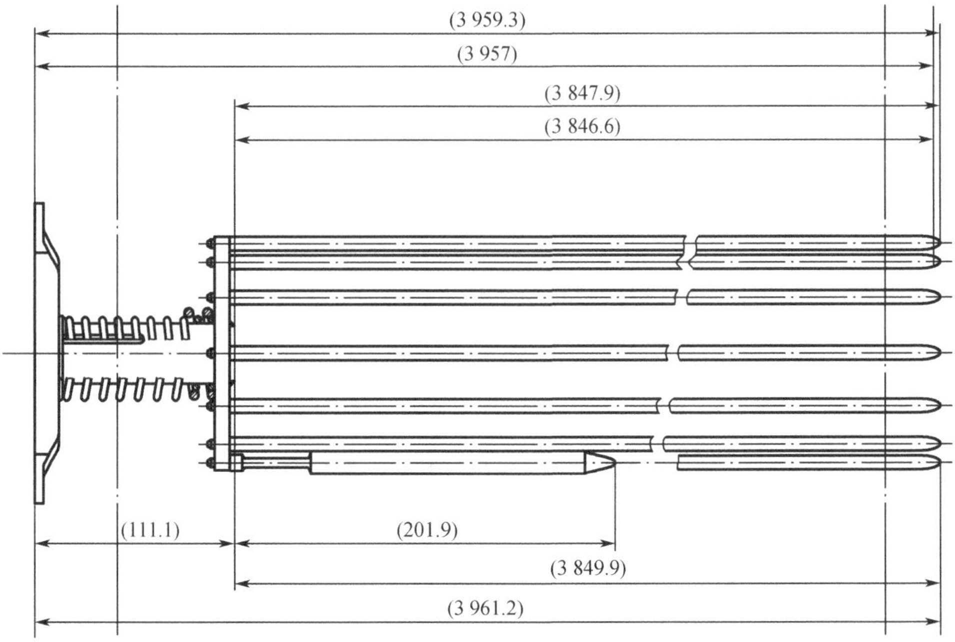

图 3-10 一次中子源组件示意图(单位:mm)

表 3-2 一次中子源组件主要技术数据

项目		单位	数据
一次中子源组件组成	一次中子源棒	根	1
	二次中子源棒	根	1
	可燃毒物棒	根	16
	阻流塞棒	根	6
每根棒中 ^{252}Cf 中子发射强度(启堆时)		n/s	8×10^8

表 3-3 一次中子源组件所用材料

项目	材料
包壳管	AISI 304
上、下端塞	AISI 308 mod
垫块	Al_2O_3 芯块
一次中子源	^{252}Cf
二次中子源	Sb-Be 芯块
阻流塞棒	AISI 308 mod

3.1.3.5 二次中子源组件

只含有二次中子源棒和阻流塞棒的相关组件称为二次中子源组件。二次中子源组件中含有 4 根二次中子源棒和 20 根阻流塞棒。将这些棒通过螺母连接到压紧组件上便构成二次中子源组件。初始堆芯中和换料堆芯中装两组二次中子源组件。二次中子源组件主要技术数据见表 3-4。

表 3-4 二次中子源组件主要技术数据

项目		单位	数据
二次中子源组件组成	二次中子源棒	根	4
	阻流塞棒	根	20
二次中子源棒内锑—铍芯块质量		g	450~800
二次中子源棒内充氦压力		MPa	4.5(表压)

3.1.3.6 可燃毒物组件

可燃毒物组件由压紧组件悬挂一束可燃毒物棒及阻流塞棒组成。

压紧组件由一组弹簧、导向筒、压紧杆、连接板等零件组成。弹簧由两个旋向相反的螺旋弹簧组合而成。弹簧下端坐在连接板上,上端被压紧杆压住。连接板与导向筒下端焊接成为一体。压紧杆套在导向筒上,压紧杆上焊有销钉,销钉里端嵌在导向筒所开导向槽内,这样,压紧杆可沿导向筒上下运动而又不致使压紧杆扭转及脱离导向筒。连接板上开有许多小孔,用来悬挂毒物棒和阻流塞棒,另外,还开有 8 个梯形流水孔。当可燃毒物组件插入堆芯燃料组件中时,焊在连接板上的导向筒下端坐在上管座连接板上,压紧杆被堆芯上板压住,靠压紧组件上的弹簧力使毒物组件压紧而不至于发生轴向窜动。

可燃毒物棒是将硼硅玻璃管封装在不锈钢包壳内构成。为防止硼硅玻璃管蠕变坍塌,在硼硅玻璃管内设有一薄壁不锈钢衬管。

只有初始堆芯中含有可燃毒物组件,换料堆芯中不含有可燃毒物组件。可燃毒物组件分为两种。第一种为含 12 根可燃毒物棒和 12 根阻流塞棒的组件。第二种为含 16 根可燃毒物棒和 8 根阻流塞棒的组件。可燃毒物组件所用材料见表 3-5。

表 3-5 可燃毒物组件所用材料

项目	材料
连接板	AISI 304L
压紧杆	
导向筒	
压紧杆导向销钉	
螺母	
毒物棒销钉	AISI 308
压紧系统内、外弹簧	因科镍 718
包壳管	AISI 304
上、下端塞	AISI 308 mod
可燃毒物	硼硅玻璃
衬管	AISI 304

3.1.3.7 阻流塞组件

阻流塞组件由24根短不锈钢实心棒悬挂在压紧组件连接板上构成,阻流塞棒上部被加工成缩颈段,以提高棒的柔度,增加棒插入导向管时的对中性及减少与导向管间的摩擦力。阻流塞棒下端加工成弹头形以利于插入导向管。

3.2 国产化燃料组件

国产化燃料组件目前以中国核工业集团有限公司(简称中核集团)研发的CF系列燃料组件为主,CF组件是以现有国内压水堆用,AFA系列17×17型燃料组件为基础,通过自主化的设计、制造、加工,同时吸收国内核电站运行核燃料的反馈经验,形成的中国压水堆核电完全自主和核燃料制造系列化、标准化的国产化核燃料组件。目前已完成包括CF2燃料组件、CF3燃料组件、CF3改进型燃料组件的研发,先导组件已分别在秦山第二核电厂CNP600压水堆以及方家山2#机组入堆辐照。

3.2.1 燃料组件描述

CF3改进型燃料组件由燃料骨架、上管座及264根燃料棒组成。燃料骨架由24根导向管、1根仪表管、11个格架(8个定位格架及3个跨间搅混格架)和下管座组成。仪表管位于组件中心,用于插入堆芯中子通量探测器。导向管用于插入控制棒及其他堆芯相关组件棒。燃料棒被定位格架夹持,使其保持相互间的横向间隙以及与上、下管座间的轴向间隙。

根据堆芯燃料管理设计,采用的CF3改进型燃料组件中含有载钆燃料棒。

3.2.2 燃料棒

将一定量的芯块和压紧弹簧装入N36合金包壳内,并在包壳两端加端塞封焊从而形成燃料棒。芯块与包壳内壁间留有适当的径向间隙,棒上端留有气腔,用于容纳预充氦气和释放的裂变气体,预充氦气可减轻芯块与包壳间的相互作用(PCI),以及防止包壳发生蠕变坍塌。气腔内的不锈钢压紧弹簧用以防止辐照前装卸及运输过程中芯块的窜动。燃料棒端塞上加工有环形槽,便于在燃料组件的组装和维修时用专门的工具抓取燃料棒。

CF3改进型燃料组件中含有载钆燃料棒,除芯块采用$UO_2-Gd_2O_3$之外,其余结构与装载UO_2芯块的燃料棒相同。

3.2.3 芯块

芯块为实心圆柱体,由低富集度UO_2或$UO_2-Gd_2O_3$粉末经混合、压制、烧结、磨削等工序制成。为了减小轴向膨胀和PCI,芯块两端做成浅碟形并倒角。芯块制造工艺必须稳定,以保证成品芯块的化学成分、密度、尺寸、热稳定性及显微组织等满足要求。UO_2芯块中,^{235}U的富集度有4.45%和4.95%两种。同一种类型的燃料组件中,UO_2芯块的富集度是相同的。

载钆芯块的成分为$UO_2-Gd_2O_3$,其^{235}U的富集度为2.5%,Gd_2O_3的质量百分比为8%。CF3改进型燃料组件载钆燃料棒中的$UO_2-Gd_2O_3$芯块的富集度、Gd_2O_3质量百分含量均相同。

3.2.4 上管座

上管座是一个盒式结构件,它作为燃料组件的上部构件,除了为控制棒组件和固定式堆芯相关组件提供保护空腔外,还是冷却剂出口。它由顶板、连接板以及围板组成一个整体。连接板上开有24个导向管连接孔、1个仪表管连接孔和许多流水孔,流水孔包括三种不同直径的圆形流水孔、两种长度不同的长方形流水孔和“腰鼓型”流水孔,所有流水孔相对于上管座横向、纵向中心线和对角线的排列完全对称,冷却剂流经这些孔后进入上管座空腔经混合后流出上管座。所开流水孔与燃料棒位置错开以防止燃料棒向上窜出上管座。

正方形顶板中间大方孔用于插入控制棒组件、其他堆芯相关组件及吊装工具。顶板一组对角线上开有定位销孔,用于与上堆芯板的两个定位销相配合,使燃料组件顶端横向定位。在另一对角的一个棱台上还开有一个方位孔,以识别组件的方位,并与吊装工具相容。在管座上,还有为吊装工具提供的抓取部位。四组板弹簧(每组四片)给燃料组件提供足够的压紧力以便轴向压紧燃料组件。每组板弹簧最上一片弹簧带有一钩杆,它将其余三片弹簧串在一起并钩在框板钩槽内,确保即使板弹簧发生断裂也不会阻碍控制棒组件运动。

3.2.5 下管座

下管座为正方形板凳式结构,由下管座结构件、叶片、筋条和导向管座、仪表管座组成。其外围为整体加工的框板,中心区域为由叶片、筋条互相插配形成的空间曲面冷却剂通道。叶片表面冲压有连续的凹形结构,叶片插配在两层筋条之间,通过钎焊连接为一个整体。筋条布置的位置能够阻挡燃料棒窜出下管座。在两个相对的支腿上开有定位销孔,通过与下堆芯板定位销配合使燃料组件在堆内横向定位。下管座中心为上部直径较大下部直径较小的孔道,便于定位仪表管并限制仪表管内过大的旁流。

下管座部件作为燃料组件的底部结构件,将燃料组件所受到的横向载荷及轴向载荷传递到下堆芯板上,并分配流入燃料组件的冷却剂流量。导向管与下管座采用可拆连接,即导向管下端焊一个带内螺纹的端塞,再用一个带裙边的轴肩螺钉将它固定在下管座上使其精确定位,然后用专用工具将轴肩螺钉的裙边胀到孔板的凹坑内,以防止螺钉松动。轴肩螺钉开有轴向通孔,冷却剂由此进入冷却控制棒或其他相关组件棒。

3.2.6 导向管和仪表管

24根导向管与下管座用轴肩螺钉机械连接,1根仪表管含在下管座中心的安装孔中,导向管和仪表管与11层格架点焊焊接,每个导向管上端胀接上一个螺纹套筒。导向管用作容纳控制棒及其他堆芯相关组件单棒。

导向管部件由导向管、内套管以及导向管端塞组成。导向管和内套管的外径和内径在全长上保持不变,导向管和内套管通过胀接形成带有缓冲段的胀接后导向管,最后将导向管和内套管一起与导向管端塞焊接形成导向管部件。导向管内上段壁薄,内径较大,便于控制棒快插,并在正常运行时使冷却剂流出;下段内径缩小形成缓冲段,当控制棒快速下插时在行程末端对控制棒产生水力缓冲作用;在靠近缓冲段的较大直径段上开有四个流水孔,用于冷却控制棒和控制棒快插时使受压的冷却剂流出导向管。仪表管为一根薄壁直管,用于容纳堆芯中子通量探测器。

3.2.7 格架

燃料组件中含有8层定位格架(也称结构格架)和3层跨间搅混格架。8层定位格架又分为6层结构搅混格架和2层端部格架。结构搅混格架带有搅混翼,可加强冷却剂的搅混;端部格架位于组件骨架的两端,不带搅混翼。所有格架均由再结晶Zr-4合金条带相互镶嵌焊接而成。定位格架栅元内含有GH4169合金弹簧条,它们镶嵌在再结晶Zr-4合金条带上通过焊接固定。跨间搅混格架栅元内无弹簧,不起夹持燃料棒的作用,仅起搅混冷却剂的作用,以改善燃料组件的热工性能。在289(17×17)个正方形格架栅元中,有25个栅元被导向管及仪表管所占据,其余264个栅元被燃料棒占据,利用格架上的点焊舌与导向管及仪表管点焊连接。每个结构格架栅元内燃料棒靠六点支承(四个刚性支点和两个弹性支点),合理地设计弹簧夹持力,可以保证整个寿期中夹持燃料棒的功能。为增强结构格架防勾挂性能,其外条带上下端导向翼连续布置,内条带两端对应位置设置导向翼支承,同时在外条带刚凸两侧开槽可一定程度平衡边栅元内外压差。

3.3 FA300燃料组件及相关组件介绍

3.3.1 基本概况

燃料组件长3 500 mm,截面面积为199.3 mm×199.3 mm,重约465 kg,由燃料棒、组件骨架等部件组成。燃料棒按15×15排列成正方形栅格,有20根控制棒导向管、1根中子通量测量管、204根燃料棒。FA300燃料组件总图如图3-11所示。

3.3.2 燃料棒

燃料棒由包壳管,UO_2燃料芯块,Al_2O_3隔热块,压紧弹簧,上、下端塞组成。

包壳管:外径为10 mm,全长为3 200 mm,壁厚为0.7 mm。包壳采用Zr-4合金。

燃料芯块:是由低富集度的UO_2粉末,经压制烧结而成的陶瓷小块,其密度为理论密度的(95±1.5)%(约10.4 g/cm^3)。芯块的直径为8.43 mm±0.015 mm,高为10 mm±1 mm,两端略向内凹成浅碟形并有导角,以补偿芯块在高温下的轴向膨胀和运行过程中产生的辐照膨胀。芯块与包壳间的径向冷态间隙为0.085 mm,以保证在热态下包壳与芯块不会产生过盈。

隔热块:为了减少端塞的热应力,燃料棒活性部分的两端装有直径为8.4 mm,高为10 mm的Al_2O_3隔热片,隔热片的抗压强度应不小于245 MPa。

压紧弹簧:为了防止芯块在吊装和运输过程中移位和窜动,燃料棒上部装有一个不锈钢螺旋弹簧将芯块压紧。

上、下端塞:燃料棒上、下端塞与其包壳管用真空电子束焊接。上端塞顶部正中开有1 mm小孔,用以装管后向燃料棒充氦,然后堵孔密封焊。充氦的目的是改善气隙传热性能,提高包壳管的抗压塌能力,充氦压力为1.96 MPa。

燃料棒上端留有240 mm的轴向空间,以容纳UO_2芯块释放的裂变气体和补偿热态下芯块的轴向膨胀。

燃料棒与下管座的间距为10 mm,与上管座的间距为25 mm。

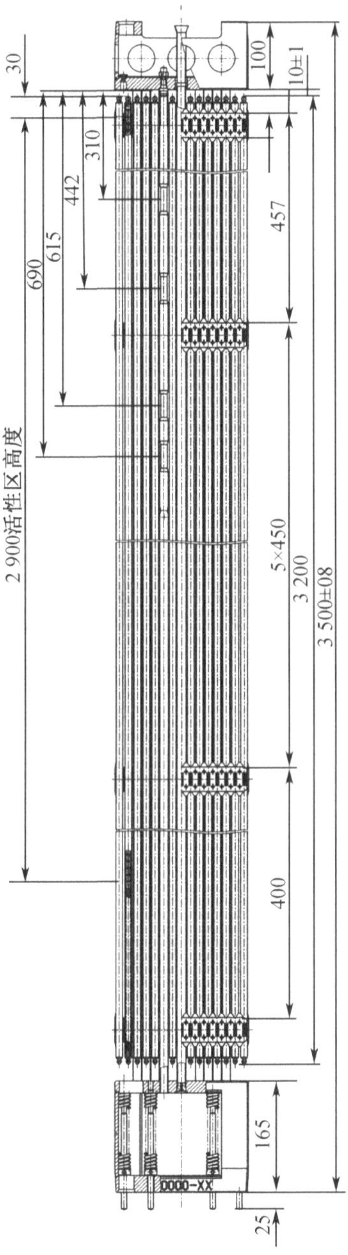

图 3-11 FA300 燃料组件总图(单位:mm)

燃料棒采用拉棒机装入组件骨架,拉棒过程中应防止燃料棒窜位和损伤定位格架,拉棒所造成燃料棒表面划伤深度不大于 30 μm,并不允许有异常划伤存在,8 层定位格架的弹簧片对燃料棒产生的轴向夹持力在 300 N 以下。FA300 燃料棒总图见图 3-12。

3.3.3 燃料组件骨架

骨架由 8 层定位格架,20 根控制棒导向管,一根中子通量测量管和上、下管座等部件连接而成。作用:确保组件的刚度和强度,承受整个组件的质量和控制棒快速落棒的冲击,使控制棒精确引导,保证组件在堆内可靠地工作和装换料及运输的安全。

3.3.3.1　定位格架

定位格架是由冲压成型并带有刚性支承、弹性支承的条带(0.3 mm)与带导向翼的围板(0.4 mm)组装焊接而成的部件。

定位格架的每个栅元内设有 2 个由弹簧片组成的弹性支承点和 4 个对应的刚性支承点,这 6 个支承点既可保持燃料棒之间的间距,又对燃料棒起夹紧作用,以防止燃料棒在堆内因水力振动而发生磨蚀,同时又允许燃料棒自由地轴向热膨胀和辐照生长。每个弹簧片对燃料棒的夹紧力在 11.8~23.5 N 范围内。

定位格架与导向管采用焊接形式连接,8 层定位格架共 672 个焊点。

围板的上下端均设置有导向翼,它的倒向均向格架内侧,弯曲角度为 15°±10° 。

3.3.3.2　上管座

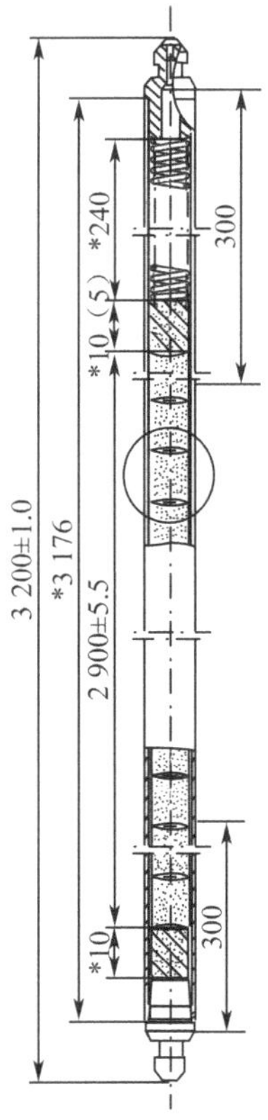

图 3-12　FA300 燃料棒总图

(＊表示该尺寸不要求在本部件中测量)

上管座为一箱形构件,它由上格板、围板、上框架及压紧弹簧等部件所组成。管座周围四个面在上格板、围板、上框架氩弧焊连接后整体加工。除压紧弹簧采用 GH4169A 合金外,其余的均用 0Cr18Ni10Ti 不锈钢制成。上框架为 199.3 mm×199.3 mm 的正方形,方框四个角上设有直径为 22 mm 的定位销孔,用来作为组件定位。

上格板为正方形不锈钢板件,是上管座与控制棒导向管的连接零件,格板上加工有一系列流水孔,上格板还设置 21 个直径为 12.9 mm 的孔,它使上管座与控制棒导向管连成一体。

每个组件的上管座设置有 8 个螺旋形压紧弹簧,依靠活性区上部的压紧部件压紧弹簧使组件轴向承受约 5 000 N 的预压力。

上管座顶面和侧面上刻印燃料组件标记编号为 YQ-XXXX,深度为 0.2~0.3 mm 的凹形 10 号字体。

3.3.3.3　下管座

下管座采用正方形结构,由下框脚、下围板、下格板和通量测量引导管和过滤网组成,都由 0Cr18Ni10Ti 不锈钢制成,下框脚是下管座的座脚,四个脚上有直径为 22 mm 的定位销孔,边角上斜度倒角,以便吊装时不发生钩挂现象。下围板是下框脚与下格板的连接板,下围板的每个侧面上开有 3 个直径为 40 mm 的流水孔,载热剂在相邻燃料组件的下腔相互沟通。

下围板采用氩弧焊接,与下格板、下框角连接成一体,下格板上开有冷却燃料棒的流水孔。为防止燃料棒从流水孔中弹出来,流水孔与燃料棒是错开布置的。下格板还有 20 个直径为 8.5 mm 的控制棒导向管尾部紧固螺钉孔和一个直径为 12.9 mm 的通量测量管孔。为了便于中子测量探头由堆芯底部顺利进入燃料组件内,在下管座中心位置焊接一个喇叭形通量测量引导管,引导管的上端焊在下格板的正中,与燃料组件中子通量测量管的下端相对中。

下管座下格板的底面装有一个过滤网,过滤网的材料为 GH4169 合金,厚度为 0.44 mm,筋条的宽度为 0.45 mm。过滤网有三种尺寸的网格,分别为:3.4 mm×3.4 mm、3.6 mm×3.6 mm、3.8 mm×3.8 mm。过滤网通过 6 个牌号为 00Cr19Ni10 奥氏体不锈钢(相当于 AISI 304L)的铆钉以铆接的方式与下管座相连。

3.3.3.4 控制棒导向管和通量测量管

控制棒导向管用 0Cr18Ni10Ti 不锈钢管(外径 12.9 mm,内径 11.9 mm)制成,它为控制棒在活性区上、下移动提供导向。在控制棒插入导向管后,它们之间形成一个 0.95 mm 的环隙,以使运行时保证有少量载热剂冷却控制棒。

导向管的下端堵头封焊。导向管下部有 4 个长 35 mm 不同内径(10.38 mm、10.30 mm)的缩节,当反应堆紧急停堆,控制棒快速下插时起水力缓冲作用。在缩节的上部设有一定数量(6 个直径为 2 mm)的小孔,以允许正常运行时载热剂可由这些小孔流进以冷却控制棒。当控制棒下插时,多余的水由小孔流出。

导向管上端与上管座格板焊接,中间与定位格架点焊连接,下端焊有连接螺栓,穿过下管座格板的直径为 8.5 mm 孔用自锁螺母连接,使上、下管座连接成组件的骨架结构。

在组件的中心位置设置一根中子通量测量管(外径为 12.9 mm,内径为 11.9 mm),其上端与上格板连接,中间与格架连接,下端与下格板和喇叭引导管配合,便于中子测量探头对准插入。

3.3.4 新燃料组件的一些重要限值

燃料组件以底平面和定位销孔为基准,上管座固定测量时,8 层定位格架和上下管座测点的直线度最大偏差小于±0.45 mm,组件上下端面平行度最大偏差小于 0.3 mm,下管座固定上管座自由测量时,由倾斜和扭转造成组件外形尺寸最大偏差为±2.5 mm,其中扭转偏差不大于 0.4 mm。

燃料棒之间的间隙不小于 3.1 mm,燃料棒与导向管之间的间隙不小于 1.5 mm。

用标准控制棒组件抽插,抽插力不大于 59 N,燃料组件的清洁度为 A 级。

3.3.5 设计改进历史沿革

3.3.5.1 下管座加滤网

第七批换料组件开始在下管座上加滤网,这样可以减少异物磨损引起的破损。

3.3.5.2 燃料棒弹簧预紧力加大

修改原因:运输方式由挂靠客车改为挂靠货车,货物列车最高速度由过去的 70 km/h 提高到 90~120 km/h,列车振动频率加大,加速度也加大,原加速度限值 2.0*g* 偏小。

设计修改:燃料棒螺旋弹簧按轴向 4*g* 加速度修改设计。

燃料棒内压紧弹簧原设计:材料为 1Cr18Ni9Ti,丝径为 1.1 mm,弹簧预紧力为 20 N,弹簧占气腔体积的 19%。

修改设计:材料为 AISI 302,丝径为 1.45 mm,弹簧预紧力为 64.8 N,弹簧占气腔体积的 23.8%。

影响分析:提高运输和操作的安全性和经济性。

3.3.5.3 燃料芯块加倒角

修改原因:芯块设计倒角对减少 PCI 和减轻包壳管应变是有好处的。芯块与包壳管相互作用的最后结果是引起包壳轴向和径向应变,当应变超过了规定值时,在腐蚀作用下可能发生破裂,因此芯块设计要尽量降低其对包壳产生的应变。碟形带倒角的芯块引起包壳的轴向变形和环脊最小,有利于加深燃耗和延长循环长度。

设计修改:芯块采用的倒角参数为 0.55 mm(径向)×0.20 mm(深度)。

影响分析:芯块采用倒角后,每块芯块质量与原设计相比将有所减少,整个堆芯(121 个组件)的装载量也将有所减少(减少约 207.8 kg)。装载量的减少使循环长度减少约 1 天。

3.3.5.4 格架导向翼设计改进

修改原因:提高燃料组件的防钩挂能力。

设计修改:对导向翼形状和布置方式进行调整,降低导向翼的高度,增加导向翼的数量。

影响分析:防钩挂能力有效提高,符合设计预期。

修改后的格架导向翼在第十八批换料组件上开始使用。

3.4 Candu-6 燃料棒束及钴调节棒介绍

3.4.1 Candu-6 燃料棒束介绍

燃料棒束由元件和附件组成。燃料元件由锆合金的燃料包壳、二氧化铀芯块以及石墨涂层组成,端塞和端盖是组成燃料棒束的结构件,一只核燃料棒束上有两块端板,这两块端板与 37 根元件之间通过压力电阻焊的形式焊接成为一只成品棒束。对于 37 棒束,元件共有 37 个。棒束总图见图 3-13。

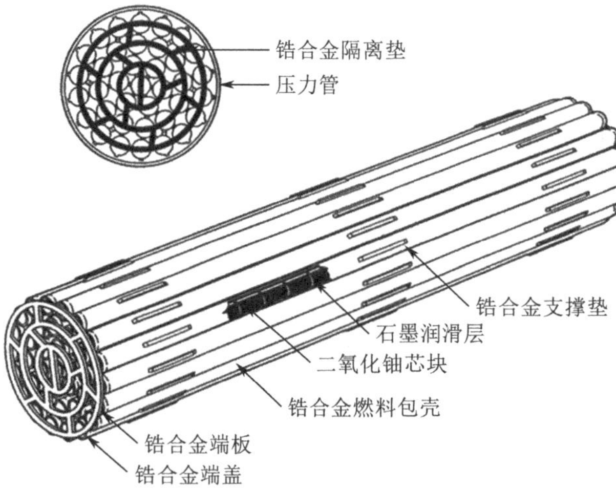

图 3-13 棒束总图

附件包括薄隔离块、厚隔离块、支承垫,是焊接制造核燃料棒束不可或缺的一部分。其中,薄、厚隔离块及端板采用冲压加工工艺来完成,支承垫采用铣制加工工艺来完成。在Candu-6型核燃料棒束的设计中,通过中心平面上隔离块的包络,使每根燃料管和与其相邻近的管子紧密接触。同时,在核燃料反应堆中,每根燃料管和与其相邻近的管子之间总保持一定的间隙。另外,支承垫焊接于燃料棒束的外环管上,一方面可保证燃料棒束的外环管不与反应堆燃料通道内壁相接触,避免了燃料棒进出时与通道内壁产生摩擦而损伤燃料棒束。另一方面可使燃料棒束与通道内壁之间总保持一定的间隙。这样,在核燃料反应堆中,重水可以顺利地通过每根燃料元件的表面,在重水的不断循环冷却过程中,燃料元件所产生的高热量不断地被带走,使每根燃料元件表面的热量得到充分的交换。

3.4.2 钴调节棒组件介绍

Candu-6型重水反应堆有380个水平燃料通道,采用天然二氧化铀作为核燃料,冷却剂和慢化剂均为高纯重水。其反应性控制有一个显著的特点,即它的长期反应性控制主要是通过不停堆换料来实现的,由于燃料为天然铀,堆芯过剩反应性较小,但可以根据堆芯燃料的燃耗情况按要求的换料速度不断往堆芯添加新燃料,从而使反应堆保持一定的过剩反应性。

为了确保反应堆运行时的机动性和安全性,根据不同的反应性控制需求,Candu-6型重水反应堆设计了几套独立的反应性控制系统。其中,调节棒组件主要用于控制、补偿氙毒变化产生的附加反应性和展平堆芯功率分布,并在装卸料机发生故障的情况下,用于维持电站的连续运行(一般可达几周)。

调节棒组件由21根调节棒组成,垂直布置,原设计以不锈钢为热中子吸收体,反应性控制当量约为15 mk,正常运行时21根调节棒全部插入堆芯。将反应堆内的不锈钢调节棒组件替换成钴-59调节棒组件,钴-59长期在堆内受到照射,就可以大量生产钴-60。钴-59吸收的中子则属于损耗中子的重新利用。钴调节棒组件采用的钴-59吸收体的反应性价值与不锈钢调节棒组件等效,因此,只需要通过设计确保钴调节棒组件具有与不锈钢调节棒组件相同的功能,即钴调节棒组件结构分类、堆内布置和运行方式与不锈钢调节棒组件相同,就可以确保堆芯物理性能保持不变。

3.4.2.1 钴调节棒组件的主要功能

在高功率和正常运行条件下,调节棒组件功能是调整中子通量分布以优化反应堆功率分布和燃料的燃耗。

在瞬态工况下,即功率降低或短期停堆后,需要提高功率时,将钴调节棒组件部分或全部提出以提供附加的正反应性来克服氙-135浓度的增加;在换料故障期间不能正常提供新燃料,则要求钴调节棒组件逐步提出堆芯以补偿反应堆的反应性减小和维持反应堆的运行,给换料机提供足够的时间。

钴调节棒组件在反应堆内一般运行1~1.5满功率年(FPY),最大不超过3 FPY,钴棒中的钴-59吸收中子生成有一定比活度(100~300 Ci/g)的钴-60放射源,可作为医疗和工业用的辐照源。

3.4.2.2 结构说明

A、B、C、D四种调节棒组件的结构示意图如图3-14所示。每组钴调节棒组件的中心是1根贯穿全长直径为9.53 mm的锆合金中心棒,其上装有6束或16束钴棒束,下端装有定位凸版/间隔管和锁紧螺母,上端装有定位凹版、压缩弹簧、连接头、钢丝绳链接螺母和钢丝绳。压紧弹簧装在连接头和定位凹版之间，它能始终保证钴棒束之间紧密配合，防止钴棒束产生转动以及补偿不同部件之间的热膨胀差和辐照肿胀差。

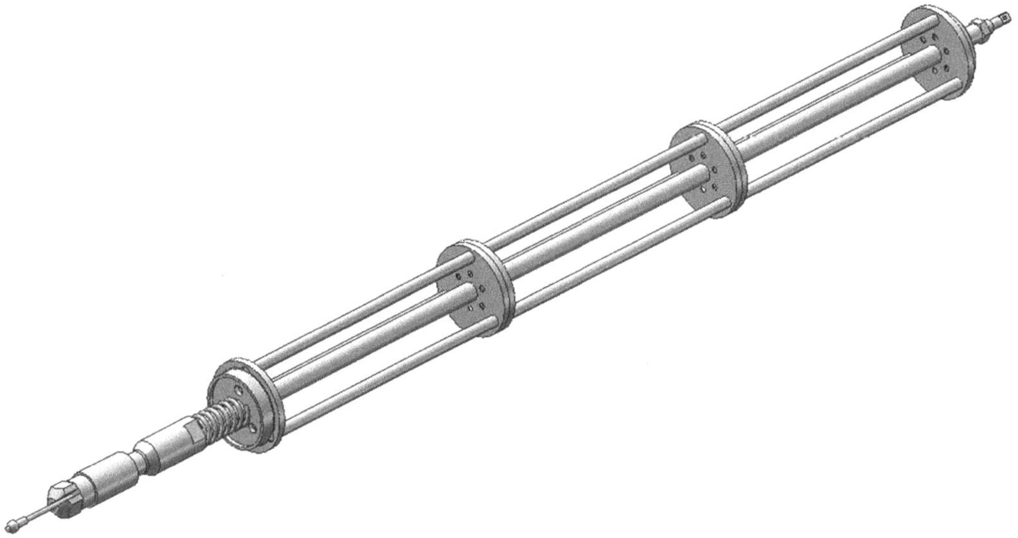

图 3-14　钴调节棒组件示意图

A、B、C 三种类型调节棒组件的钴棒束部件除了钴棒数目、钴棒和锆合金棒的布置不同外，其他结构尺寸基本相同。除了钴棒束部件尺寸较短外，D 型调节棒组件的钴棒束部件结构与 A、B、C 型调节棒组件的钴棒束部件基本相同。A、B、C 三种类型钴棒束外形尺寸为 ϕ62. 8 mm×214. 3 mm，D 型钴棒束外形尺寸为 ϕ62. 8 mm×189. 15 mm。钴调节棒组件中各种类型钴棒束部件的截面示意图如图 3-15 所示。

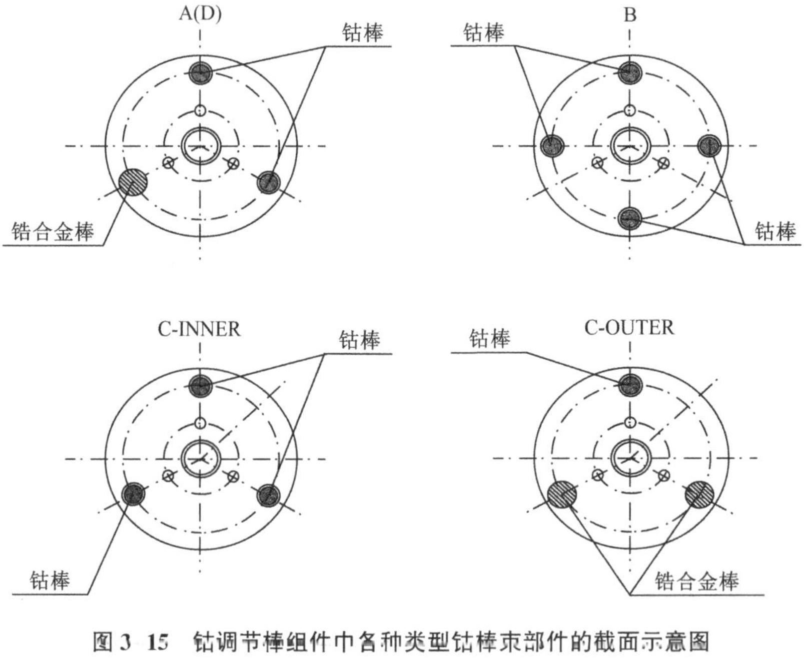

图 3-15　钴调节棒组件中各种类型钴棒束部件的截面示意图

第 4 章　核燃料制造技术

4.1　压水堆核燃料元件制造化工工艺概述

4.1.1　原料

4.1.1.1　原料来源

压水堆核燃料元件生产所用的原料 UF_6 是将天然铀中 ^{235}U 的含量从 0.71%浓缩到核反应堆的使用丰度，再使用 30B 容器从铀浓缩厂运输至元件生产厂。

30B 容器的主要技术参数见表 4-1。

表 4-1　30B 容器的主要技术参数

容积 /L	材料	最大装料量 /kg	设计压力		工作压力		设计温度		工作温度		配套阀门	^{235}U 最高丰度 wt/%
			内压（表压）/MPa	外压 /MPa	内压（表压）MPa	真空 /Pa	最低 /℃	最高 /℃	最低 /℃	最高 /℃	直角阀 /mm	
740	16MnDR	2 277	1.4	0.15	1.4	13	−40	120	−40	120	ϕ22	5

配套使用的直角阀，阀体、密封螺母、密封环、密封垫片和螺帽是铝-硅-青铜合金材料，阀杆是蒙乃尔合金，填料和密封盖是聚四氟乙烯。

UF_6 容器需要清洗以清除过量的积累杂质。当不同同位素丰度的 UF_6 装入容器中时，也需要清除其残存料。清洗工作一般由容器拥有者来完成。

4.1.1.2　原料来源 UF_6 的物理和化学性质

为了保证 UF_6 的安全操作，要求操作人员详细了解其物理性质，因为 UF_6 总是在密封的管道、设备和容器中加工处理，操作者是看不到的，操作者必须通过观察压力或质量的变化来确定其存在。

UF_6 的三相点出现在 0.15 MPa 和 63.9 ℃，这是三种状态——固、液、气同时平衡共存的唯一条件。如果温度或压力高于三相点，则仅有气态或液态存在；如果温度或压力低于三相点，则仅有气态或固态存在。当给密闭系统中的固体 UF_6 施加热量时，固体 UF_6 吸收热量后，部分开始升华为气体，升华继续进行直至压力达到 0.15 MPa、温度达到 63.9 ℃为止，在此点上，固、液、气共存。继续加热，使剩余固体逐渐熔化，当所有 UF_6 固体全部熔化之后，再加热则会增高液体的温度，使部分液体汽化为气体，这与冰融化成水和水沸腾时的相变是相同的。

大多数物质从固体到液体的转化过程中要发生体积膨胀。UF_6 熔化时密度减少约 25%，体积大幅度增大必然使处理系统和操作程序受到一定限制。举例来说，假如一个容器在冷却装置中通过凝华充满固体 UF_6，如果再将这个容器加热，固体 UF_6 的熔化以及液体

UF_6 的膨胀，会把容器完全充满，如果继续加热，会引起容器破裂，导致 UF_6 的泄漏。如果 UF_6 凝固堵塞了工艺管道，同样存在破裂的可能性。外部热量施加到被堵塞部分的中部可以熔化固体 UF_6，并在管道和堵塞端部产生大的静压力，造成管道破裂导致 UF_6 逸出。为了避免管道破裂，最好的办法是把管道抽真空至足够低的压力，使 UF_6 不通过液相直接升华来排除。

固态 UF_6 是一种白色的高密度结晶体；液态 UF_6 是无色的，虽然它很重，但黏度很低，因此可以自由流动，并能完全润湿容器表面，液相在常压下不稳定；气态；UF_6 是无色的。

固态和液态 UF_6 不与 O_2、N_2、CO_2 或干燥的空气发生反应。气态 UF_6 很快与水蒸气发生反应：

$$UF_6(气)+2H_2O(气)\longrightarrow UO_2F_2(固)+4HF(气)+Q(热量)$$

在室温下，该反应与空气的相对湿度有很大关系。反应产物是 UO_2F_2 水合物和 HF- H_2O 雾，像一种白色云雾。当 1 m^3 空气中含有 1 mg UO_2F_2 和缔合 HF 时，在正常湿度下足以生成可见的白色云雾，大量释放出来的云雾很浓密，会遮蔽视线。

UF_6 能与碳氢化合物类迅速发生反应。如果 UF_6 处于气相，反应生成一种铀-碳化物的黑色沉积物；如果 UF_6 处于液相，反应加速进行，并能引起容器爆炸，因此要非常小心，避免烃油引入工艺设备或容器中。

4.1.2 压水堆燃料元件化工工艺过程简介

压水堆燃料元件化工生产线采用 ADU 湿法批次沉淀工艺，整条生产线大致分为三部分，即正料线、返料线和回收线。正料生产线包括气化水解岗位、沉淀干燥岗位、脱氟还原稳定化岗位；返料生产线包括氧化溶解岗位、萃取纯化岗位；回收生产线包括铵盐沉淀岗位、离子交换和硅胶吸附岗位、脱氟蒸氨岗位。

化工生产线以 UF_6 为原料，通过汽化水解工艺制得 UO_2F_2 溶液，再与 $NH_3 \cdot H_2O$ 反应生成重铀酸铵盐（简称 ADU），经过离心分离、干燥，制备出合格的 ADU 粉末，最后在 N_2、H_2 和水蒸气的气氛下，ADU 高温分解、脱氟、还原制得 UO_2 粉末，再经稳定化、破碎后制得合格的陶瓷 UO_2 粉末送芯块生产线。

不合格的 ADU 粉末、UO_2 粉末及回收的铵盐经氧化煅烧后得到的氧化物，再用硝酸进行溶解，30%TBP-煤油萃取纯化，制得 $UO_2(NO_3)_2$ 溶液通过返料生产线，与 $NH_3 \cdot H_2O$ 反应生成 ADU，再经离心分离、干燥、分解、还原、稳定化、破碎后制得合格的陶瓷 UO_2 粉末送芯块生产线。

各种含铀废水，根据浓度、纯度及组分的不同，分别进行铵盐沉淀及离子交换、硅胶吸附处理，通过回收工艺制备的铵盐经氧化煅烧后得到 U_3O_8 粉末，返回返料生产线，碱渣送去贮存。

经离子交换岗位处理后的含氟含氨废水被输送至脱氟蒸氨岗位，在反应槽内通过加入石灰乳进行固氟和 NH^{4+} 转型，然后将废水送至湍球塔进行蒸氨处理，蒸出的氨气经降膜吸收器和吸收塔进行吸收处理，最终得到浓度为 23%～28%的氨水，送主生产线和回收线使用。含 CaF_2 的废水经过离心分离后得 CaF_2 滤饼，CaF_2 滤饼经干燥后装袋送出厂房。离心母液部分循环利用，部分排往蒸发池。

4.2 干法 UO_2 芯块制备工艺概述

4.2.1 UO_2 陶瓷特性

UO_2 是铀的一种难溶化合物,用作核燃料的 UO_2 通常采用化工方法制成粉末,然后用粉末冶金方法压制成生坯坯块,再在高温保护性气氛中烧结成具有一定尺寸形状、强度和高密度的烧结芯块。为了区别于一般用途的 UO_2,习惯上称其为陶瓷 UO_2。

在众多的核燃料中,为什么要选择陶瓷 UO_2 作为动力堆的燃料呢?经长期的堆内考验,确认 UO_2 是较好的核燃料,其优良特性主要表现在:作为非裂变的组合元素氧的热中子俘获截面极低(<0.000 2靶);熔点高达 2 800 ℃,扩大了反应堆可选择的工作温度范围;在熔点以内只有一种结晶形态,各向同性,无金属铀各向异性的缺陷;辐照稳定性好,经长期辐照能保持其尺寸和形态的稳定;对冷却剂——水的抗腐蚀性好,与包壳材料间有良好的相容性。

UO_2 作为核燃料的不足之处是铀密度较低;导热系数仅为金属铀的十几分之一,容易引起芯块局部过热和影响热传导;质脆且硬,不利于成型加工;制备 UO_2 芯块的工艺及技术要求较高。

扩建车间生产三种不同规格的芯块,分别为标准芯块、环形芯块、轴向再生区芯块。

4.2.2 原料来源及技术要求

二氧化铀原始粉末来源于压水堆元件厂扩建车间干法生产线,其制备工艺流程为全干法流程(integrate dry route,IDR),在图 4-1 所示的转炉内,自倾斜炉管的较高的一侧喷入水蒸气和 UF_6 气体,水蒸气和 UF_6 气体喷出后在喷嘴附近以极快的速度反应生成 UO_2F_2,随着炉管的转动,UO_2F_2 向炉管的低侧运动。在运动过程中,UO_2F_2 与从炉管较低侧通入的水蒸气、氢气反应,逐步被还原得到 UO_2 粉末。

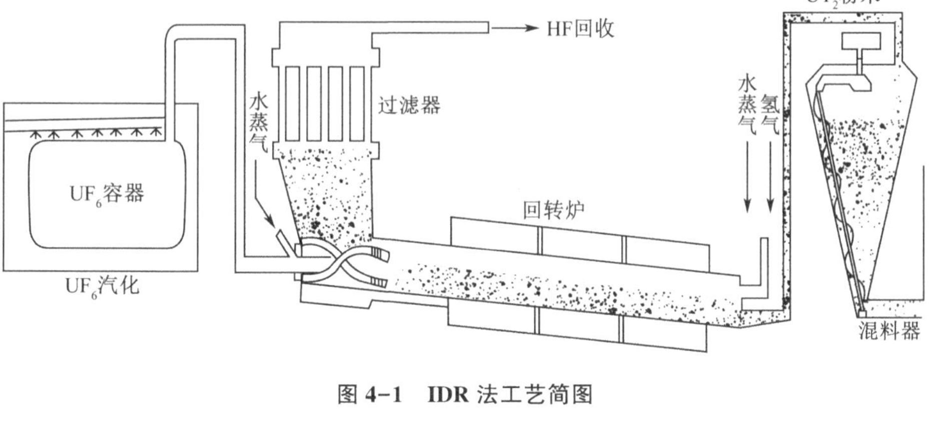

图 4-1 IDR 法工艺简图

IDR 粉末和湿法工艺粉末相比有较大的不同,典型的干法粉末和湿法粉末分别如图 4-2 和图 4-3 所示。

IDR 法制备 UO_2 粉末具有工序短、耗能低、自动化程度高、人力成本低、产生废水少、产品物性稳定、烧结活性高等优点,但同时也有松装密度较低、流动性较差等缺点。由于干法和湿法粉末的物性有所不同,因此在芯块制备时,需要根据不同的粉末类型选择不同的工艺参数。

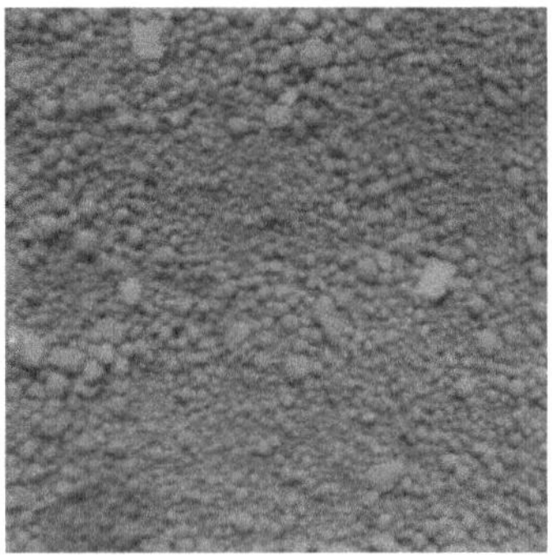

图 4-2　干法(IDR)粉末(目视)

图 4-3　湿法(ADU)粉末(目视)

IDR 法制备 UO_2 粉末的技术条件如下。

(1)化学要求

①铀含量:≥87.0%(干重基);

②氧铀比:2.02~2.18;

③水分含量:≤0.4 g/100 g,UO_2(0.4%);

④杂质元素和含量限值:单个杂质元素含量不应超过表 4-2 规定的限值。表 4-2 所列杂质元素含量测定值的总和不应超过 1 500 μg/gU。

表 4-2　杂质元素含量限值

序号	元素	含量限值/(μg·gU^{-1})	序号	元素	含量限值/(μg·gU^{-1})	序号	元素	含量限值/(μg·gU^{-1})
1	C	100	12	Al	250	23	Cu	40
2	N	250	13	Ca+Mg	200	24	In	6
3	F	150	14			25	Mn	20
4	Cl	100	15	Mo	80	26	Pb	20
5	Zn	20	16	Si	100	27	Sn	4
6	B	0.5	17	Cr	200	28	Ti	80
7	Cd	0.5	18	Fe	250	29	W	40
8	Dy	0.15	19	Ni	200	30	V	10
9	Gd	0.1	20	Ag	0.5	31	Th	10
10	Sm	0.1	21	Bi	4			
11	Eu	0.1	22	Co	12			

注:总当量硼含量(EBC)不应超过 4.0 μg/gU,其中稀土元素(Dy、Eu、Gd 和 Sm 等)不计入等效硼当量计算。

(2)核要求

①同位素含量:应实测 ^{234}U 、^{235}U 、^{236}U 的含量,^{235}U 同位素富集度低于 5%的 UO_2 粉末按 GB/T 13696—97 中 4.2 执行;

②当量硼含量:≤4.0 μg/gU;

③清洁度:粉末应无肉眼可见的异物,例如金属微粒和油污。

(3)物理要求

①颗粒尺寸:95%的 UO_2 粉末应通过 425 μm 标准筛。

②松装密度：0.65～2.00 g/cm^3；

③比表面：2.00～6.00 m^2/g；

④可烧结性：在烧结温度≥1 700 ℃，烧结时间为6～8 h的条件下，任何一个烧结块的密度不能低于二氧化铀理论密度的96.5%，其密度与需要试验的烧结块密度平均值的偏差应在±2%之内。

返料U_3O_8主要来源于芯块车间废料的回收，包括废芯块、磨削渣等。其技术条件如下：

(1)化学要求

①铀含量：≥84.0%(干重基)；

②氧铀比：2.60～2.70；

③水分含量：≤0.4 g/100 g，U_3O_8；

④杂质元素和含量限值：单个杂质元素含量不应超过表4-3规定的限值。

表4-3 杂质元素和含量限值

序号	元素	最高含量/(μg·gU^{-1})	硼当量因子(10^{-4})
1	B	考虑其他杂质，只要满足总硼当量标准，这些元素含量没有限值	10 000
2	Cd		3 172
3	Dy		818
4	Eu		4 250
5	Gd		43 991
6	Sm		5 336
7	Cl	25	132
8	F	10	0.072
9	Al	总和≤700	1.27
10	Ca		2
11	Mg		0.41
12	Si		0.82
13	Cr	总和≤400**	8
14	Fe		6
15	Ni		11
16	Zn*	20	2
17	C	100	0.04
18	N	75	19

注1：*仅当使用硬脂酸锌添加剂时进行分析。

注2：**如果超过400 μg/gU的限值，可以进行钼的分析。在这种情况下，核对所有杂质(Cr、Fe、Ni)的总和应低于500 μg/gU，用于计算钼和硼含量的当量，硼因子应为4×10^{-4}。

(2)核要求

①同位素含量应符合表4-4要求；

表4-4 同位素含量要求

^{235}U富集度	可接受绝对偏差(^{235}U占总铀的质量百分数)
≤5%	±0.050
^{234}U	含量应低于11 000 μg/g，^{235}U

②当量硼含量：≤2.5 μg/gU；

(3)清洁度：粉末应无肉眼可见的异物，例如金属微粒和油污。

3. 物理要求

U_3O_8 粉末颗粒应通过 200 μm 标准筛，应无明显的大的结块。

压水堆核燃料元件厂芯块制备生产线所加的润滑剂为阿克蜡(Acrawax)，其技术条件如下：酸值——最大 6；熔点——140~145 ℃；中和值——2.0；分解温度——300~360 ℃；粒度——90%的微粒<140 μm。

4.2.3 芯块制备工艺过程

压水堆核燃料元件厂芯块制备生产线工艺如图 4-4 所示。

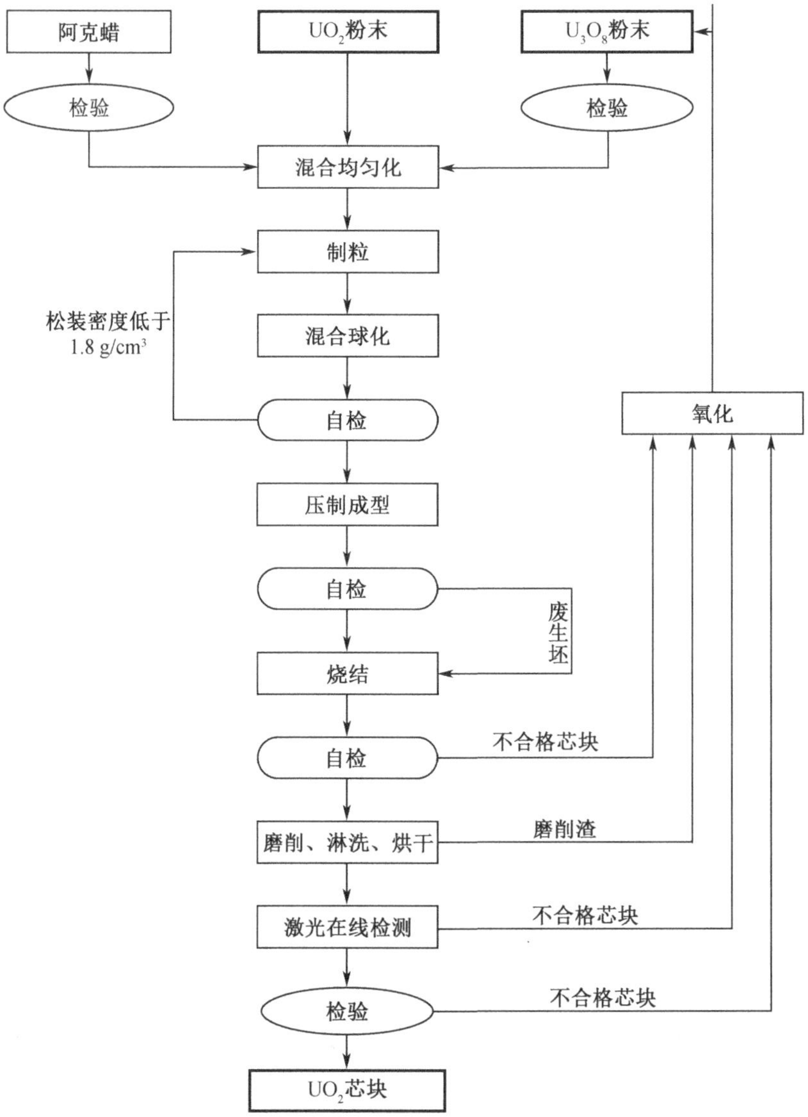

图 4-4 芯块制备生产线工艺流程图

4.3 零部件制造

压水堆核电站燃料组件结构因燃料棒在组件中的排列方式不同而略有差别。组件中燃料棒基本排列通常呈三角形和正方形，相应的燃料组件横断面形状为六角形和正方形。前者以苏联的水-水堆燃料组件为代表，这种组件在国际上用得较少；后者以美国西屋公司的设计为代表，用此类组件的还有法国、德国、日本等国家。燃料棒呈正方形排列的燃料组件在压水堆核电站中是主流。

无论哪种类型的燃料组件，其结构大体上都可分为骨架和燃料棒两大部分，骨架包括控制棒导向管、注量率测量管、定位格架、上管座和下管座等部件。AFA3G 燃料组件有 11 个格架，包括 8 层定位格架（2 个不带搅混翼的端部格架和 6 个带有搅混翼的格架）和 3 个分别位于第 4,5,6 和 7 层搅混翼格架之间的小格架，成为中间搅混格架或半跨距格架。

本节将参照我国大型核电站用的 AFA3G 燃料组件结构介绍作为重要零部件的上管座、下管座和定位格架的加工情况。

4.3.1 上管座部件

上管座部件由上管座单元件（简称上管座）和压紧板弹簧组成，借助螺钉将 4 组板弹簧（每组 4 片）固定在上管座的上方。螺钉和板弹簧的材料是因科镍 718 合金，上管座的材料是 AISI 304L 不锈钢，上管座近似于一个由一块框板、一块连接板和 4 块围板组成的方箱结构。上管座的成型工艺分两步：首先将粗加工的框板、连接板和围板组装好，点焊固定；然后将组合件放在自动焊机上实施所有连接处的缝焊。焊后的工件须进行热处理以消除焊接应力。热处理后的工件方能进行各道精加工。成品上管座还有最后一道工序，那就是“生锈（钝化）试验”。

这是因为上管座形状复杂，工序多，每道工序都要与夹具接触，而夹具的材质大多是钢铁。因此有必要检验成品管座表面是否受到铁离子或其他有害物质的严重污染。生锈（钝化）试验按每批成品上管座取一个进行。

上管座部件在反应堆运行时在堆芯中起“承上启下”的作用。“承上”是因为它与堆芯上板接触并受制于堆芯上板；“启下”是因为它是燃料组件骨架的上部构件，与 24 个控制棒导向管连接，它的加工精度直接影响到燃料组件的堆内性能。上管座加工难点就在于它为 24 个控制棒导向管和 1 个中子注量率测量管（以下简称注量率管）所提供的孔系及两个“S”孔的形位公差要求相当高，这些部位都是在高精度、高自动化的“加工中心”上完成的。

组装 AFA3G 上管座部件板弹簧有一定的难度，因为在组装板弹簧组时，要求就位后的弹簧组必须位于内规和外规之间，否则需要调整。组装上管座所需时间主要取决于这道工序中操作人员的熟练程度。

反应堆运行中为预防固定螺钉松动退出，将一 V 形销钉镶在螺钉头部的槽中，然后用手工氩气保护弧焊将销钉两端点焊在上管座上。对焊点的要求是不能高出管座上表面，同时也不能累及螺钉头部。

4.3.2 下管座部件

下管座部件由下管座单元件（以下简称下管座）和防屑板组成。借助 4 个定位销将防屑板固定在下管座上方的凹槽中。防屑板的材料是 AISI 660 不锈钢或 A286 不锈钢，下管座的材料是

AISI 304L 不锈钢。

下管座是由一块连接板和 4 个“腿”组成的“方凳”形结构。下管座制造可采用连接板和 4 个“腿”间焊接的方法,也可采用整体加工的方法。国内目前采用整体加工的方法,虽然浪费一些材料,但是,由于取消了焊接工艺也简化了加工工艺。虽然消除焊接应力的热处理不需要了,但生锈试验的要求还是存在。生锈试验按每批成品下管座(10 个)取一个进行。

反应堆运行时下管座在堆芯中同样起“承上启下”作用。它是燃料组件的下部构件,它坐落在堆芯下板上并受制于堆芯下板。在燃料组件中它与骨架的 24 个控制棒导向管连接,下管座的加工精度同样影响到燃料组件的堆内行为。与上管座相同,下管座的加工难点也是 24 个控制棒导向管孔系及两个“S”孔的尺寸和形位公差。

将防屑板固定到下管座上的安装工艺比较简单,但需要注意的是当将就位后的定位销点焊到下管座上时,焊点不能高出下管座的上表面。

4.3.3 定位格架

国际上压水堆燃料组件常用的定位格架(下简称格架)按用材分为两种:单一金属和双金属。所用的材料是镍基合金和锆合金。我国核电站压水堆燃料组件中秦山一期核电站用的是单一镍基合金的 15×15 格架,秦山二期核电站、大亚湾、岭澳等核电站采用的是镍基合金/锆合金制成的 AFA2G/AFA3G 17×17 双金属格架(其中弹簧材料是镍基合金)。现在介绍的就是这种正方形栅元格架的制造工艺。

为更好地了解格架制造工艺,先将格架的结构简单介绍如下。

多数格架是由许多条长而薄的金属条带构成呈相互平行布置的一组条带与具有同样布置的另一组条带正交插配形成“蛋篓”型的方格群,这些方格称为栅元,四周再用条带围起固定,形成整个完整格架。形成格架的条带分为两种,四周用的条带称为外条带,正交插配的条带称为内条带。格架外形是正方形,条带形成的栅元也是正方形。

在燃料组件中,格架的每个栅元将插入一根燃料棒或一根控制棒导向管或测量管。

横断面为方形的燃料组件通常根据组件中燃料棒的排数和每排的燃料棒数称为 15×15-21 型(秦山一期核电站的燃料组件)或 17×17-25 型(秦山二期核电站、大亚湾核电站和岭澳核电站的燃料组件)。其中 15×15 或 17×17 表示燃料组件中栅元(燃料棒、控制棒导向管和仪表管)数及其布置形式。而 21 和 25 则代表控制棒导向管和测量管的总数,其中测量管各有 1 根。

格架的栅元根据其用途分为燃料棒栅元和控制棒导向管或测量管栅元。燃料棒栅元中在 4 个壁上分布有 6 个定位点:一个壁上的弹簧(也称为弹性点)对着对面壁上的两个刚性突起(也称为刚性点或停止点),另两个壁上也有同样布置。这种布置的目的是当燃料棒插入时,弹簧受压产生弹力,将燃料棒推靠在刚性突起上,实现对燃料棒的夹持、定位作用。控制棒导向管和测量管栅元无弹簧和刚性突起。

所有格架外条带的上方和下方都设置有导向翼。有的格架在内条带交叉处上方设置有搅混翼。

AFA2G 燃料组件有 8 层定位格架,其中端部定位格架 2 层(第 1 层和第 8 层),没有搅混翼。另 6 层为搅混翼格架。AFA3G 燃料组件有 11 层格架,其中 8 层格架为定位格架,种类和布置与 AFA2G 燃料组件相同。另 3 层格架位于第 4,5,6 和 7 层搅混翼格架中每相邻两个格架跨距中间,只起搅混作用而不定位燃料棒,这 3 层格架称为半跨距格架或跨中格架(MSMG)。无论是 AFA2G 还是 AFA3G 组件的 8 层定位格架都是由两种金属构成的,故称为双金属格架,MSMG 因无弹簧,故材料只有锆合金一种。

(1)格架加工工艺流程简述

首先进行条带/弹簧组装点焊,点焊完成后,送检进行已装配条带的外观检验,合格后进行内条带组装,跨间搅混格架在组装垫板上进行内条带组装。组装完成后,操作人员检查内条带位置及材料,合格后进行外条带装配,操作人员进行自检并送检。将组装完成的格架装入夹具,对E焊缝进行调整使其符合焊接要求,调取适用的焊接程序进行焊接。焊接完成后,操作人员进行自检,同时配合检验人员完成格架过程检验。

(2)格架加工工艺流程图

工艺流程见图4-5。

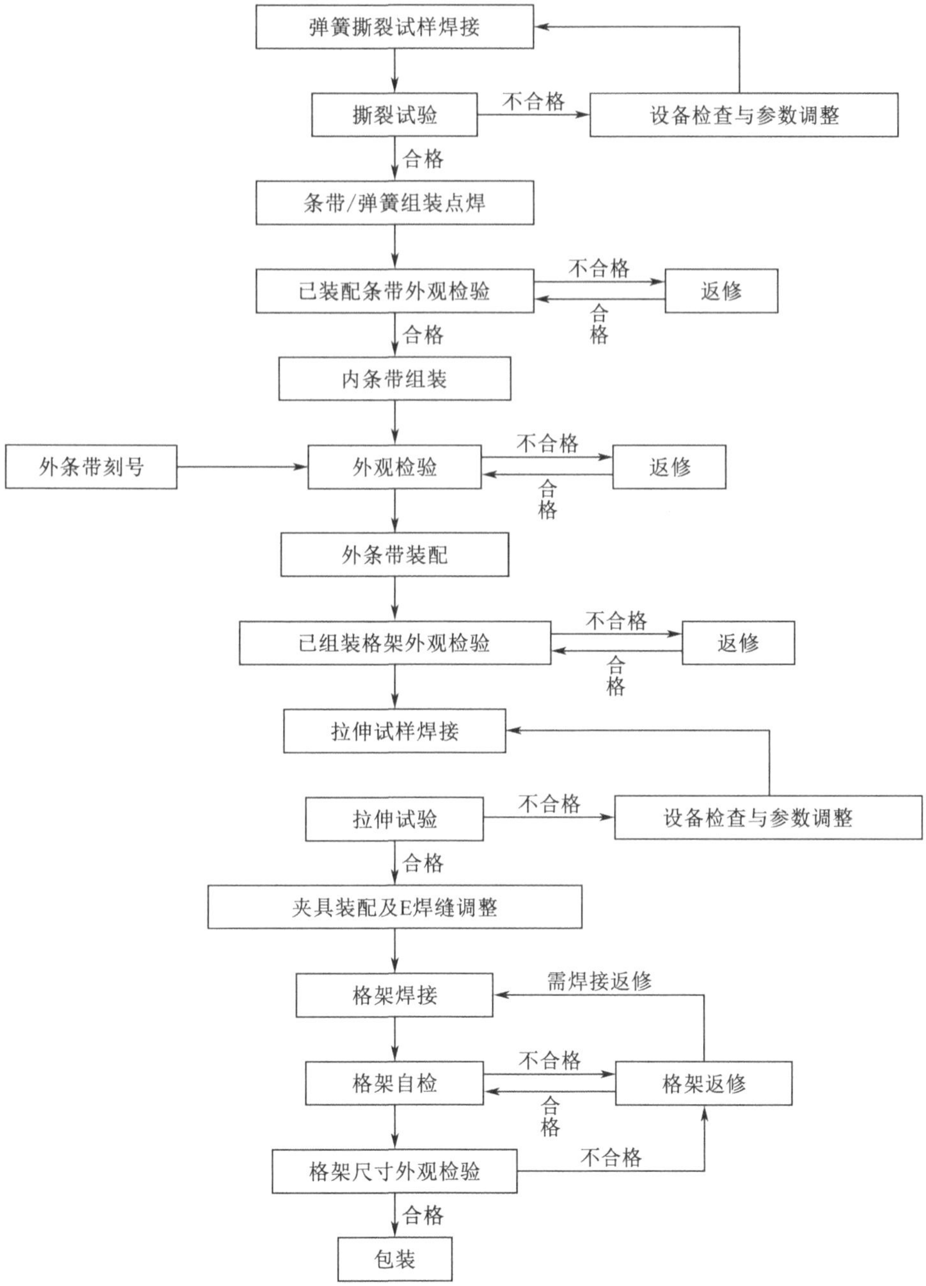

图4-5 格架制造工艺流程图

4.4 燃料棒制造

4.4.1 燃料棒功能

燃料棒具有产生热能并将其传递给冷却剂以及包容燃料和裂变产物的功能。

4.4.2 燃料棒结构

燃料棒是构成燃料组件棒束的核心部件,AFA3G 压水堆燃料棒由包壳管、上端塞、下端塞、UO_2 芯块和压紧弹簧组成。

4.4.2.1 包壳管

锆合金包壳管的主要类型有两种:一类是锆-锡合金,如 Zr-2、Zr-4 合金;另一类是锆-铌合金,如 M5、Zr-1%Nb(E635)合金。现阶段生产中包壳管采用的是 M5 合金,端塞采用的是 M5 合金或 Zr-4 合金(压力电阻焊工艺)。M5 包壳已达到工业成熟阶段,1989 年开始在法国应用。

M5 合金为 Zr-Nb-O 三元合金,其化学成分除 Zr 外,还含有 1.0% Nb、0.125% O、0.002 3%S。

4.4.2.2 端塞

端塞有两个作用:一是塞住包壳管两端起密封燃料芯块的作用;二是形状满足燃料棒束组装的需要,方便工艺操作。

上、下端塞均由退火状态的 Zr-4 合金制成,长为 14.3 mm。内部插入包壳管,有足够的长度保证焊接时管与端塞的准直度;外部带操作凸台,可由操作设备上的钩爪锁固,以便将燃料棒拉进或拉出燃料组件骨架;端塞外部锐边倒钝。

4.4.2.3 UO_2 芯块

UO_2 芯块是燃料棒的核心,它是采用 UO_2 粉末压制成型,在 1 750 ℃左右的高温下经过数小时烧结成的陶瓷体。芯块的外观呈圆柱体,两端有碟形凹陷(碟深为 0.3 mm,球面半径为 14.9 mm),端部设计了倒角,以便补偿中心部位较大的热膨胀和减少包壳管产生的“竹节变形”。芯块的堆叠高度约占燃料棒总长度的 95%,其余 5%的空腔作为储存裂变气体的空间。主要指标如下:

密度:10.41 g/cm^3;直径:8.192 mm;高度:标准芯块 13.46 mm±1.27 mm,调整芯块 9.46 mm±2.73 mm。

4.4.2.4 弹簧

燃料棒内芯块摞上部的螺旋弹簧用以防止燃料组件在辐照前的运输期间芯块发生窜动。运输中规定组件轴向加速度不大于 4g,此弹簧的压紧力必须大于 80 N。

不同类型的燃料棒,其弹簧设计也有区别,弹簧的种类有螺旋等节距压缩弹簧、螺旋变节距弹簧和胀紧管自锁止推式弹簧。燃料棒不能全部装满芯块,需要预留一定容积的空间储存裂变气体,弹簧用于填充这一空间,使芯块端面之间保持接触,避免出现过大的间隙而导致燃料棒热量不均匀,同时防止燃料组件在运输过程中棒内的芯块窜动。目前选用由 302 不锈钢丝冷绕制成的螺旋等节距压缩弹簧。

弹簧表面应是光滑的，并无擦伤、孔洞、拉模划痕、灰尘、防锈剂、油脂和其他影响材料质量的有机化合物。

4.4.3 制造工艺流程

燃料棒的制造工艺依据不同类型的燃料组件设计会有所差异，下面给出了压力电阻焊工艺的 AFA3G 压水堆燃料棒制造工艺流程。

包壳管准备（吹氮、无异物检查、包壳管外观与直线度检查）→焊接下端塞（USW）→焊缝检查（EWOC+100%目检）→已焊下端塞包壳管单棒称重→装入 UO_2 芯块→气腔长度检查、调整→已装芯块包壳管单棒称重→管口清洁→装弹簧→充氦、焊接上端塞（USW）→焊缝检查（EWOC +100%目检）→α 污染检查→间隙检查→富集度检查→氦检漏（必要时压氦）→燃料棒尺寸、外观检查→成品入库。

4.5 骨架制造

4.5.1 功能

燃料组件的骨架是支承燃料棒束的结构部件，它承受冷却剂的冲刷和紧急停堆时数十千克的控制棒突然下落产生的冲击力。此外，堆内的高温和强烈的中子辐照也会使骨架的机械性能发生变化甚至发生弯曲。因此，骨架的结构决定了燃料组件的刚性。它的几何尺寸直接影响了组件的整体外形。

4.5.2 构成

燃料组件骨架的外形和结构见图 4-6。

零部件的布置及连接方式见图 4-7。

AFA3G 燃料组件排列见图 4-8。

采用压力电阻点焊将导向管、仪表管与定位格架舌片连接成一个整体，导向管厚壁端与下管座用轴肩螺钉连接，见图 4-9；导向管薄壁端与套管通过胀接方法连接，见图 4-10。

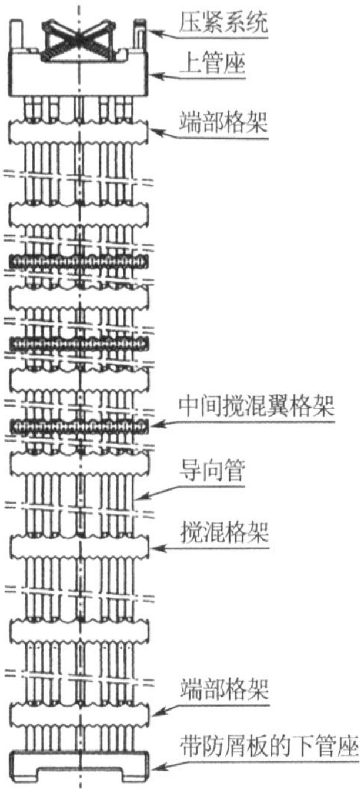

图 4-6 AFA3G 燃料组件骨架

4.5.3 制造工艺流程

准备工作→试样制作→安装零部件→自动焊接→自动胀接→取出骨架→骨架检验→骨架存放。

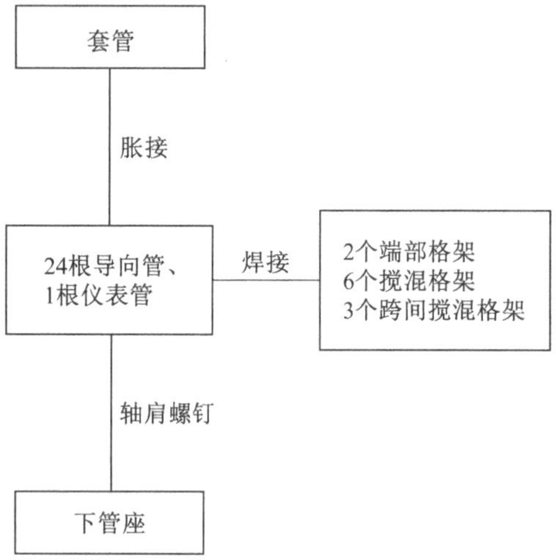

图 4-7　零部件布置及连接方式

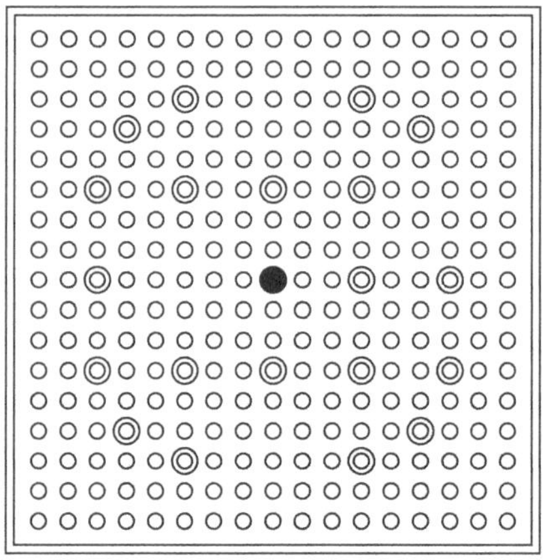

图 4-8　AFA3G 燃料组件排列图

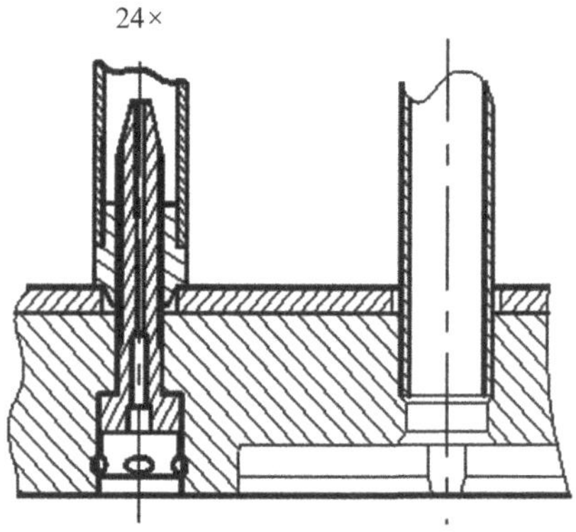

图 4-9　AFA3G 导向管下端塞与下管座连接

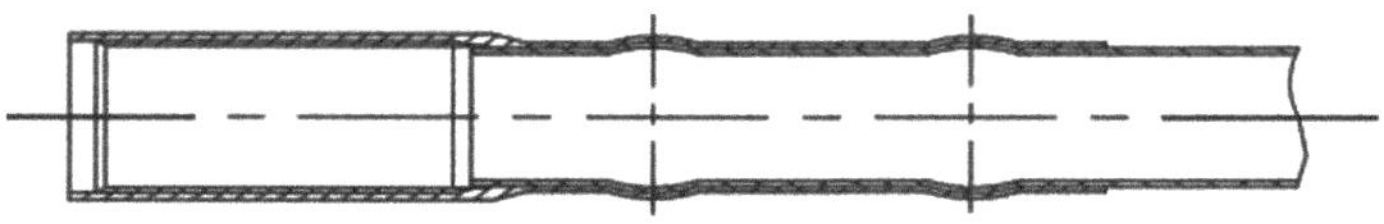

图 4-10　导向管与套筒之间的连接

4.6　燃料组件及棒束组装

4.6.1　功能结构

燃料组件由燃料棒和燃料组件骨架组成，而燃料组件骨架由下管座、定位格架、导向管组装件和仪表管组成。燃料组件主要设计参数见表 4-5。

表 4-5 燃料组件主要设计参数

参数名称	数值
型号	17×17-25
燃料棒数/根	264
导向管数/根	24
仪表管数/根	1
定位格架数/层	8
断面尺寸/mm	214.0×214.0
总长(不计板弹簧)/mm	4 058.6

4.6.2 工艺流程

组件制造流程见图 4-11。

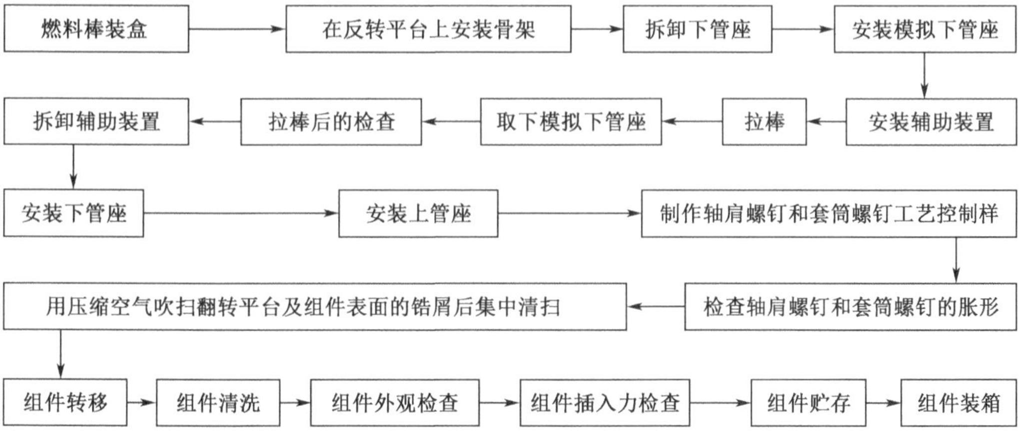

图 4-11 组件制造流程

4.6.3 棒束制造结构件

4.6.3.1 工艺流程

端板经冲制、整平后,外圆留有一定的加工余量,在车床上将外圆直径加工到规定的范围内,然后将端板上的毛刺去除,清洗并检验合格后,在端板相应位置进行打号,检验合格后方可投入使用。

4.6.3.2 工艺流程简图

端板制造工艺流程图见图 4-12。

图 4-12 端板制造流程图

4.6.4 棒束组装工艺

4.6.4.1 工艺流程

将附件(支承垫、隔离块)点焊定位于包壳管上,对已点焊的次组件进行钎焊,钎焊后对次组件进行内壁涂石墨、预烘干、石墨固化,对固化后的次组件端头进行外部清理、端头坡口形状及长度加工,按组别配好元件包,装入 UO_2 芯块后,将端塞与包壳管焊接成元件,对元件焊缝去焊瘤后,进行棒束组装和端板的焊接,清洗并包装棒束。棒束制造示意图见图 4-13。

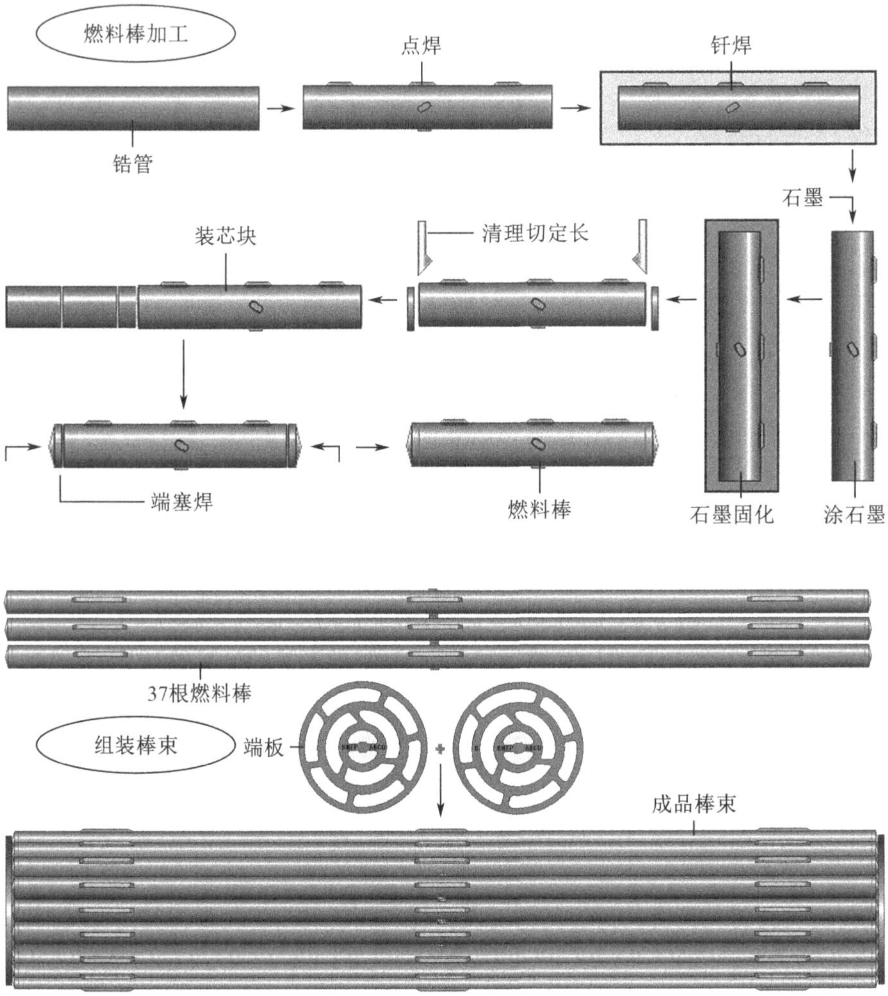

图 4-13 棒束制造示意图

4.6.4.2 工艺流程简图

工艺流程简图见图 4-14。

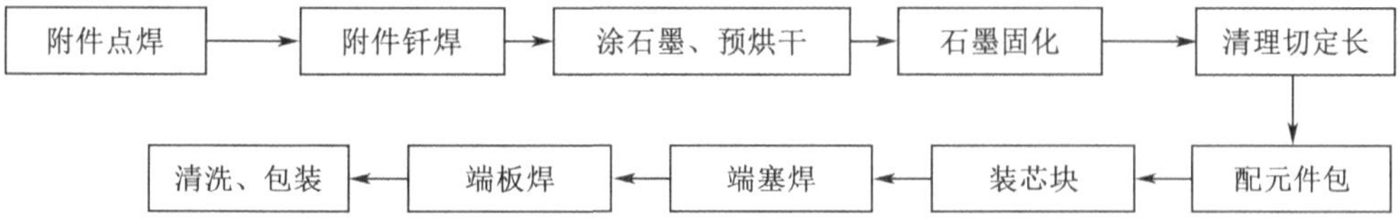

图 4-14 棒束组装工艺流程简图

第5章　制造质量监督

核燃料专业人员对燃料组件及其相关组件产品质量和合同文件质量进行监督,确保核燃料制造厂产品质量合格并按时交货。

5.1　总的要求

(1)对制造全过程进行质量监督,即从 UO_2 芯块制备开始直至成品燃料组件及其成品相关组件装入新燃料组件运输容器为止。

(2)为顺利完成制造质量监督,应做好公司内部的协调管理,并处理好与核燃料制造厂的合作关系。

(3)实施制造质量监督的主要方式是委派驻厂代表常驻核燃料制造厂。

(4)驻厂代表既是制造质量监督员,也是联络员,应以公司利益为重,以产品质量为本,认真负责地从事独立的监督活动。

5.2　综合进度时间表

(1)综合进度时间表内容应包括产品的设计、专用材料及零部件采购、浓缩铀采购、制造、运输、合同提交文件交付的进度计划、关键日期和里程碑等。

(2)应要求核燃料制造厂对综合进度表进行修改并重新交付。

(3)实施过程中的各种更新版本同样按上述方式提交和审查。

5.3　质量控制文件

合同双方进行质量控制的主要文件:

(1)《燃料组件质量控制计划》;

(2)《相关组件质量控制计划》;

(3)《燃料组件检查与试验项目清单》;

(4)《相关组件检查与试验项目清单》。

随着制造工艺的变化或增加,核燃料制造厂可能不断修改以上文件,但须经我公司(秦山核电)审查并认可后方可实施。

5.4　供查阅文件

核燃料订货合同中规定了供我公司查阅的“供查阅文件”的范围,以及规定了核燃料制造厂及其分包商应在从事有关合同项目活动的场所配备相应的供查阅文件供我公司人员随时查阅。

5.5 监督计划

驻厂代表的日常监督活动应按我公司《驻厂代表质量监督计划》执行。其内容包括：

(1)制造和检查过程中见证点(W 点)和停工待检点(H 点)；

(2)质检文件审查；

(3)参加合格性鉴定和再鉴定；

(4)车间监查。

针对专用材料及零部件的重要性和不同特点规定检查项目、鉴定方式(见证、文件审查和亲自检查)和监督频度(或批量)。该计划与核燃料制造厂协商一致,以便顺利实施。

5.6 见证点和停工待检点

核燃料制造厂应在月末向驻厂代表提供各个主车间的下月生产计划,以便驻厂代表了解生产进度和制订下月见证计划。

我公司驻厂代表应将当月见证计划于月初送交核燃料制造厂质保部门。

核燃料制造厂质保处应将 W 点和 H 点的见证时间和地点提前通知驻厂代表。

对于见证点,驻厂代表通常应当进行见证,否则应书面通知核燃料制造厂质保处放弃见证,核燃料制造厂可在自检合格后转序。

对于 H 点,该活动必须有驻厂代表在场时方可进行。

见证活动完成后,驻厂代表填写见证单。

见证单最后放入制造完工报告(EOMR)中。

5.7 质检文件审查

驻厂代表应当经常查阅和审查各种质检文件或记录。

5.7.1 外购材料或外购零部件质检文件

核燃料制造厂在发放外购材料或外购零部件前,驻厂代表应完成质检文件审查并填写审查单,以防不合格的外购材料或外购零部件用于产品制造。

5.7.2 车间质检文件

经常查阅和抽查车间质检记录尤其是对产品质量和性能有重大影响的质检记录是驻厂代表见证活动的一部分。

对于有些质检文件,审查后还应填写审查单,作为产品质量放行的依据。

5.7.3 制造完工报告

核燃料订货合同中规定了“制造完工报告”的内容。

在签署合同产品出厂验收合格证书之前,驻厂代表必须仔细审查每组组件的制造完工报告,审查重点是其完整性、正确性、可读性和可跟踪性。

审查后填写文件审查单。

审查合格的制造完工报告是燃料组件及其相关组件质量放行的重要依据之一。

5.8 完工产品出厂验收检查

完工产品出厂验收,采取由驻厂代表逐组检查并放行的做法。检查项目详细列入燃料组件及其相关组件最终检查见证单中。

驻厂代表应当按规定检查项目,逐项认真检查并如实记录检查结果。

对于检查中发现的问题,通知核燃料制造厂研究解决,如需修理,按有关程序处理。

经过最终检查和制造完工报告审查并合格后,驻厂代表代表我公司最后签署《××××组件质量放行证书》(即合同产品出厂验收合格证书)。

在驻厂代表签署以前,该放行证书须经核燃料制造厂的代表和核燃料制造厂的技术后援代表分别签署。

每个核电机组初始堆芯的全部组件出厂验收完毕,即认为一整个初始堆芯产品已经出厂验收。

《合同产品出厂验收大纲》由核燃料制造厂编制,经我公司审查后执行。

5.9 产品包装

有关事宜的通知与联络按核燃料订货合同有关条款执行。

由于产品正确包装对长途安全运输很重要,因此驻厂代表应监督产品包装全过程:

(1)各类组件装入运输容器;

(2)装有产品的运输容器装入集装箱;

(3)集装箱装入专用运输火车车厢内。

监督重点:

(1)有关操作程序是否完整、有效;

(2)是否严格按程序进行操作;

(3)操作事故或损伤;

(4)操作记录是否完整、准确。

驻厂代表应详细填写有关阶段的见证单。

5.10 不符合项、事件和偏差处理

5.10.1 不符合项处理

不符合项是指性能、文件或程序方面的缺陷,使某一物项的质量变得不可接收或不能确定。

对于不符合项,由核燃料制造厂按有关程序进行处理。

《需报我公司的不符合项项目清单》之外的所有不符合项报告的处理结果,需经驻厂代表审查签字后方可继续进行有关制造活动。个别项目如有必要,驻厂代表可发回我公司

审批。

核燃料制造厂每月编写一份不符合项汇总清单,并送交驻厂代表。

驻厂代表应仔细审查不符合项汇总清单,重点审查其完整性及核燃料制造厂是否按我公司的采购不符合项管理程序规定填报,注意分析不符合项发生的频度。

5.10.2 事件处理

事件是指一个未预料到的但有可能影响产品质量的事件,对此必须加以研究,以确定其起因、影响和后果。

对于所有事件,合同双方应按规定步骤进行处理,并停止有关物项的制造活动。

5.11 里程碑见证

《里程碑证书》和《里程碑证书支持文件》由核燃料制造厂编制。

达到每个里程碑时,核燃料制造厂也可通知并出示相应证据要求驻厂代表对里程碑及里程碑证书支持文件进行见证。

5.12 合格性鉴定

制造工艺、设备和人员资格经过合格性鉴定或再鉴定并且合格后方可进行有关制造活动。

对于要进行的鉴定项目,核燃料制造厂应事先通知驻厂代表。

驻厂代表应参加鉴定活动,见证鉴定过程,查阅试验结果,了解鉴定结论,填写见证单(我公司制作的见证单)。

核燃料制造厂应经常更新合格性鉴定项目清单并分发给驻厂代表。

核燃料制造厂应向我公司提交合格性鉴定证书清单和合格证书。

第6章　新燃料接收

燃料组件从制造厂到核电厂有公路、铁路和海运等运输方式。秦山地区压水堆机组燃料组件采用两种方式运送新燃料：第一种先用铁路运输到金山转运站，再通过公路运输到厂区；第二种采用全程公路运输方式。重水堆机组燃料组件采用公路运输。重水堆燃料组件和压水堆燃料组件在运输及接收方式上有一定的差别，因此下面分开进行论述。

6.1　重水堆燃料组件的运输及接收

重水堆机组燃料组件，从制造厂到核电厂区全程采用公路运输方式，其间的运输管控由承运单位负责。

6.1.1　接收前准备

根据燃料制造厂提供的燃料运输信息，堆芯燃料处负责编制新燃料接收计划，计划内容包括接收燃料数量及在新燃料贮存间的贮存位置。

重水堆燃料运输运抵秦山核电厂现场后，采购管理部门负责厂内的运输协调工作。

6.1.2　到厂后检查

使用叉车将燃料板箱从燃料运输车卸货到S-128大厅。燃料操作处人员负责使用手动液压叉车在燃料运输车内部转移燃料。新燃料板箱必须小心地根据《运行手册——新燃料输送》(98-35100-OM-001)所述的规程进行操作，以避免燃料棒束的外部损坏或元件之间卡死和芯块碎裂引起内部损坏。

在接收新燃料时必须由辐射防护人员对燃料板箱进行放射性检查，并将检查结果记录在《新燃料接收记录》中，以保证辐射防护的安全。

包装箱放射性要求：

(1)表面接触剂量率<50 μSv/h；

(2)离核燃料包装箱1 m远处环境剂量率<15 μSv/h。

在转移到新燃料贮存间存放前，必须对每个新燃料板箱进行以下目视检查，以在接收前发现制造和运输的问题：

(1)板箱是否严重变形、破损和磨损；

(2)板箱实际装货与装箱单和交货单是否不符或存在差异；

(3)板箱加速度计是否指示任何异常坠落和倾倒。

由核材料衡算工程师将板箱编号和实际存放位置编号录入PDT。

在接收贮存过程中必须严格按照计划执行，电动叉车1次装载1个燃料板箱并将其摆放在新燃料贮存间预定的贮存位置。核材料衡算工程师核查燃料板箱存放位置,完成纸质新燃料接收记录。

6.1.3 核材料转运文件

由堆芯燃料处核材料衡算员签收核材料转移的相关文件,负责核燃料衡算报表与报告的编制。《核材料交接统计报表》一式三份,经确认并盖公司印章后,一份存档,一份返回发方,一份寄秦山核电核材料管制办公室。

6.1.4 异常组件处理

如果发现新燃料板箱有任何异常或破损,则必须将其单独隔离放置,进行特殊标识,并填写《隔离燃料信息表》。核材料衡算工程师必须会同燃料制造厂人员、燃料操作处检查人员对隔离燃料板箱进行开箱,检查相关新燃料棒束是否可接收。如果判断为可接收,应放置到完好的板箱中存放,否则将该燃料棒束继续存放于隔离板箱中。

使用叉车装运隔离板箱到隔离存放位置,由核材料衡算工程师将隔离板箱实际存放位置编号录入 PDT。由核材料衡算工程师核查燃料板箱存放位置,完成纸质隔离燃料信息表,再将 PDT 信息录入核材料计算机管理系统,收集并核查所有纸质接收记录。

6.2 压水堆燃料组件的运输及接收

压水堆燃料组件运输及接收实施流程如图 6-1 所示。

6.2.1 接收准备

在大修开始前 4 个月,服务合同部门组织新燃料出厂验收工作。验收合格后,组件完成包装、装箱和发运。组件发出后,新燃料接收的项目负责人就要协调各参与部门成立“新燃料接收工作组织机构”,见图 6-2。

组织机构成立后,由项目负责人组织召开新燃料接收专题准备会,通知各相关部门专业负责人参会。在会上需明确以下工作事项:

(1)本次新燃料接收的工作任务,包括机组号、换料批次、组件和容器数量、集装箱数量、启运日期、预计到厂时间;

(2)各部门新燃料接收准备工作职责及完成时间要求;

(3)新燃料接收的相关交通、就餐、工作等作息时间。

各参会部门职责见表 6-1。

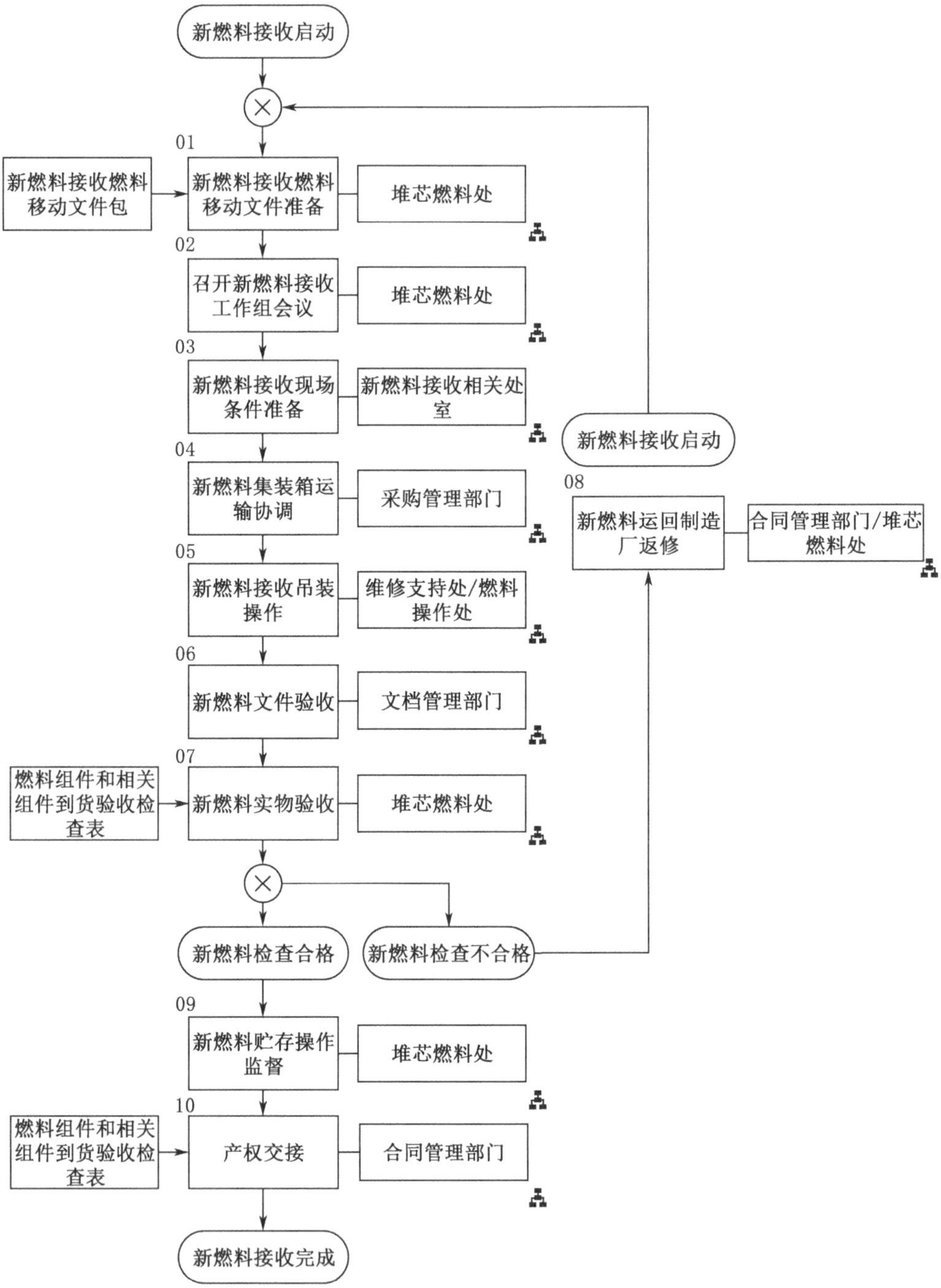

图 6-1　压水堆燃料组件运输及接收实施流程

图 6-2　新燃料接收工作组组织机构图

表 6-1　新燃料接收部门职责

堆芯燃料处	全面负责组织与协调新燃料接收工作； 负责编制新燃料接收燃料贮存计划； 负责组织新燃料接收前燃料厂房(KX 厂房)接收条件检查； 负责压水堆核电机组燃料厂房吊钩下交货后的新燃料接收检查； 负责参与新燃料到货验收不符合项处理(技术)； 协助服务合同处办理新燃料产权交接手续和核材料衡算报表交接手续； 负责新燃料出厂质量证明文件的接收和归档
合同管理部门	负责新燃料相关合同事项的管理； 负责新燃料接收异常情况商务合同处理； 负责办理合同产品的交接手续
环境应急处	与上海、浙江环保部门接口，组织其在金山转运站进行的环境监测工作
采购管理部门	新燃料铁路、公路运输监督和协调，金山转运站管理； 负责金山转运站集装箱的吊装作业监督； 厂区新燃料临时存储场所集装箱的吊装工作； 新燃料接收期间燃料厂房与新燃料临时存放地之间的倒箱操作； 新燃料运输集装箱吊索具校验与准备； 负责燃料运输集装箱临时存放期间的防雨雪工作

表 6-1(续)

保卫处	负责与驻厂武警部队、地方公安交警等部门的接洽联系,协助燃料组件运输方做好燃料组件公路运输途中的武装押运和金山转运站的临时守卫等工作; 负责落实新燃料临时贮存场地的警卫与守护和出入控制等管理工作
工程管理处	负责新燃料运抵电站现场前厂区道路保障工作; 负责燃料厂房竖直门预防性维修
维修支持处	负责压水堆核电机组燃料厂房 0 米吊钩交货后的容器吊装、容器开箱、燃料吊装; 负责燃料厂房吊索具校验; 负责燃料接收设备、专用抓具的维护; 负责新燃料接收吊装机械设施的设备安全检查、检修和试验,保证机械设备能正常工作
安全质量处	负责新燃料接收不符合项处理的归口管理
核安全处	与上海监督站接口,协调新燃料接收相关事宜
生产计划处	负责新燃料接收工作计划安排
维修处	负责相应核电机组新燃料接收设施照明,负责吊装机械设施的设备安全检查、检修和试验,保证电、仪设备能正常工作
运行处	负责相应核电机组新燃料接收期间燃料厂房电源连续性、通风等系统正常运行等
保健物理处	负责相应核电机组新燃料接收期间辐射防护相关工作; 负责核燃料厂房核清洁、容器表面擦拭(如有雨)
公司办	负责核燃料制造厂送料人员接待、倒班用车(小车)和接待用车安排等; 负责燃料接收人员倒班用车及接待用车安排

6.2.2 接收条件检查

在新燃料到厂前,需要完成接收条件检查,检查的项目见表 6-2。

表 6-2 新燃料接收前各专业检查确认单

序号	检查内容	责任处室	检查结果	责任部门签字/日期
1	核燃料进厂路线确定	保卫处		
2	与地方公安部门联系与协调	保卫处		
3	新燃料集装箱临时存放地可用	保卫处		
4	燃料接收期间工作人员专用证件准备	保卫处		
5	燃料厂房出入人员授权	保卫处		

表 6-2(续 1)

序号	检查内容	责任处室	检查结果	责任部门签字/日期
6	厂区内减速坡垫沙和恢复	工程管理处		
7	金山转运站及运输路线巡视检查	采购管理部门		
8	临时存放地集装箱布置	采购管理部门		
9	集装箱吊具准备	采购管理部门		
10	燃料厂房辅助吊车电气预防性维修	维修各处		
11	燃料厂房人桥吊车电气预防性维修	维修各处		
12	燃料厂房新燃料升降机电气预防性维修	维修各处		
13	燃料厂房水平门电气预防性维修	维修各处		
14	燃料厂房竖直门电气预防性维修	维修各处		
15	燃料厂房电气照明设备检查和检修	维修各处		
16	燃料厂房辐射监测系统检查和检修	维修各处		
17	燃料厂房辅助吊车机械预防性维修及配重试验	维修支持处		
18	燃料厂房人桥吊车机械预防性维修及抓取试验	维修支持处		
19	新燃料开箱间容器盖吊车预防性维修	维修支持处		
20	燃料厂房新燃料升降机机械预防性维修及试验	维修支持处		
21	竖直门机械预防性维修	维修支持处		
22	水平门机械预防性维修	维修支持处		
23	燃料厂房各类抓具预防性维修	维修支持处		
24	操作人员已经培训合格	维修支持处		
25	燃料厂房竖直门开关测试	保健物理各处		
26	燃料厂房清洁度符合要求	保健物理各处		
27	燃料厂房水平门开关测试	运行各处		
28	燃料厂房电源连续性	运行各处		
29	燃料厂房通风系统正常运行,并配备过滤器	运行各处		
30	新燃料接收燃料组件贮存规定和燃料组件移动单编制完成	堆芯燃料处		
31	新燃料接收工作包准备	堆芯燃料处		
32	新燃料到货验收大纲、各种记录编制准备	堆芯燃料处		
33	新燃料到货检查所需的间距规、导向梳等专用工器具准备	堆芯燃料处		
34	用于贮存新燃料组件的贮存格架(包括新燃料贮存格架和乏燃料水池贮存格架)确认	堆芯燃料处		

表 6-2(续 2)

序号	检查内容	责任处室	检查结果	责任部门签字/日期
35	核燃料厂送料人员及车辆的出入授权	堆芯燃料处		
36	新燃料接收专项工作计划完成	堆芯燃料处		
37	新燃料接收准备会及安全会已召开	堆芯燃料处		
38	燃料厂房燃料接收条件检查完成	堆芯燃料处		
39	新燃料接收工作计划安排邮件通知核安全处(核安全处核安全管理科负责协调地区监督站进行监督检查)	堆芯燃料处		
备注:				

上述工作需要在新燃料接收安全会之前完成,以确认接收条件已经具备。

6.2.3 新核燃料到厂前运输管理

压水堆机组燃料组件,从制造厂到电站有两种运输方式,第一种即制造厂到金山转运站采用铁路运输,从金山转运站到电站采用货车公路运输方式;第二种及全程采用公路运输,将新燃料从制造厂运至电站。

如果采用铁路运输,新燃料到达金山转运站之前需要完成金山转运站及运输路线准备:

(1)金山转运站及运输路线巡视检查;

(2)厂区内减速坡垫沙和恢复;

(3)与地方公安部门联系与协调;

(4)金山转运站武警保卫、运输沿途武装押运、临时存放地 24 小时武警站岗及巡逻。

载有燃料组件及其容器的火车到达金山转运站后,电站相关部门开始介入接收工作,具体工作如下:

(1)保卫处负责与驻厂武警部队、地方公安交警等部门的接口联系,协助燃料组件运输方做好燃料组件公路运输途中的武装押运和金山转运站的临时守卫等工作;

(2)采购管理部门负责金山转运站集装箱的吊装作业监督;

(3)环境应急处负责与上海、浙江环保部门接洽,组织其在金山转运站进行环境监测工作。

在以上条件都具备后,承运单位负责将新燃料集装箱从火车上吊装至运输车辆上。

6.2.4 新核燃料到厂

在集装箱到厂前,辐射防护人员将新燃料临时存放场地(堆场)设置为临时辐射控制区。储运管理处使用事先准备好卸车用的工具、平板车、70 t 吊车等,将集装箱逐个从运输车辆上卸下,至堆场存放。

保卫处负责新燃料临时贮存场地的警卫和出入控制等管理工作。

核燃料集装箱吊装时需要注意的安全事项:

(1)核燃料集装箱只能水平放置,不能堆叠放置;
(2)在接近地面和物体时,应低速;
(3)临时贮存期间,防雨布和标识必须保持在核燃料集装箱上。

将新燃料集装箱全部吊装至堆场后,需要对每个集装箱进行以下检查:
(1)核燃料集装箱外部(无大的变形,如在离厂前发现,应记录在备注栏内);
(2)核燃料集装箱的清洁度(无机油、油污和泥土等);
(3)4个木脚与核燃料集装箱地板接触良好;
(4)木棒与木脚接触良好;
(5)标签及其位置是否正确;
(6)防雨布情况(如有破口要记在备注栏内)。

如需要将集装箱运至燃料厂房,则用70 t吊车将集装车吊装到平板车上,利用平板车将集装箱转运到燃料厂房0 m吊钩下。新燃料接收期间燃料厂房与堆场之间的倒箱操作监督,由储运管理处负责实施。

6.2.5 现场接收及检查

新燃料接收现场实施分为三个阶段。

第一阶段:核燃料集装箱从转运站运输到相应核电机组的燃料厂房附近的核燃料临时存放地。

第二阶段:把核燃料集装箱从临时存放地运进燃料厂房。

上一节"6.2.4 新核燃料到厂"描述的即是前两个阶段的工作内容。

第三阶段:单个燃料组件运输容器被吊到燃料厂房开箱间内,打开燃料组件运输容器并对核燃料进行检查,检查后的核燃料被贮存在新燃料贮存格架或乏燃料水池中规定的贮存架位置,而空燃料组件运输容器被放回原核燃料集装箱内。

6.2.5.1 核燃料容器的吊装和检查

1. 吊装前

(1)松开固定核燃料容器的捆绑带、螺栓;
(2)打开空气平衡阀;
(3)在燃料厂房0 m用万用表检查新燃料运输容器加速度计是否跳离(电阻无穷大为跳离,电阻500 Ω和1 000 Ω左右为正常)。

2. 核燃料容器吊装

(1)用5T辅吊和专用容器吊具;
(2)在规定的吊装孔接好卸扣;
(3)系上20 m长拉绳;
(4)低速起吊;
(5)起吊过程中用20 m长拉绳控制容器方向;
(6)按核燃料容器正确的方向把核燃料容器吊到KX+14.25 m开箱间上方(去掉拉绳);
(7)吊钩下降前必须认真检查,确保核燃料容器不会与其他物体相碰;
(8)解除吊具。

3. 检查核燃料容器

(1)在 KX+14.25 m 开箱间开箱前检查:

①是否缺螺栓;

②铅封是否完好;

③放射性标签是否完好。

(2)辐射防护人员检查核燃料容器放射性情况:

①表面接触剂量率 < 25 μSv/h;

②离核燃料容器 1 m 远处剂量率为 5 μSv/h;

③表面沾污 $\alpha+\beta+\gamma \leqslant 0.37\ Bq/cm^2$。

6.2.5.2 核燃料容器开箱

1. 开盖

(1)拆除铅封;

(2)松开密封处的螺栓;

(3)用 KX+14.25 m 的开箱间吊车和容器吊具起吊容器盖;

(4)低速吊开盖几厘米(保持盖子水平);

(5)检查密封材料是否留在下部(否则可用手帮助就位)。

2. 检查

(1)开箱后目视检查,验证加速度是否跳开(如出现红色表示已经跳开),检查校验日期的有效性;

(2)如果有指示器动作,核燃料制造厂代表负责调查原因,确认后果,并给出处理意见,必要时打开不符合项;

(3)检查核对燃料组件和相关组件编号是否与提交文件相符;

(4)检查是否缺零部件,他们的相对位置是否正确;

(5)检查核燃料容器内清洁度,有无松动或损坏的零部件及杂物;

(6)注意干燥剂的颜色(颜色发红为受潮);

(7)检查定位格架和上管座是否被核燃料容器内的固定装置严格地保护着;

(8)检查塑料袋是否完好。

6.2.5.3 支承架的起吊

1. 准备

(1)将核燃料容器的支腿就位;

(2)调节支腿直到支腿完全接触地面,整个核燃料容器完全稳定;

(3)去掉防震床后端的横向支承套管上的保护销;

(4)用两股吊绳吊起防震床后端;

(5)让支承套管就位,注意不要将核燃料容器吊起;

(6)松开防震床上的固定螺栓并脱离支承架;

(7)松开第 2,3,4,6,7 等 5 个固定夹;

(8)为了不影响燃料组件起吊,完全松开上管座固定板螺栓。

2. 起吊

(1)用一根 1 m 的吊绳挂在开箱间 5T 吊车的吊钩上,然后用一个卸扣连上吊绳和燃料支承架前端的吊环;

(2)大、小车同时动作,使燃料支承架垂直立起;

(3)动作过程中,应尽量保持吊绳随时处于垂直状态;

(4)没有振动;

(5)核燃料容器保持稳定、不能被吊离地面;弹簧秤指示不超过 5 000 N;

(6)为了保护核燃料容器的垫片,用一块塑料布盖住核燃料容器后部的边缘;

(7)把支承杆就位,并锁紧;

(8)移开吊绳;

(9)去掉球状销后,转开头部挡板。

6.2.5.4 卸出燃料组件

(1)在辅助吊车(辅吊)的 2T 吊钩上挂上电子秤和新燃料组件抓具;

(2)把吊钩对准上管座;

(3)低速下降新燃料组件抓具直到新燃料组件抓具落在上管座上;

(4)当新燃料组件抓具就位后,锁紧新燃料组件抓具;

(5)低速提升辅吊 2T 吊钩至弹簧秤指示为 2 500 N,停止提升;

(6)松动螺栓,并移开剩下的 3 个紧固夹子;

(7)检查所有的紧固夹子,保证它们不会阻碍燃料组件的提升;

(8)提起燃料组件约几厘米后横向移动燃料组件使之离开燃料组件支承架(保持 1 人指挥);

(9)提升燃料组件同时脱掉塑料包装。

6.2.5.5 目检

1. 燃料组件检查

目的主要是检验燃料组件在运输和吊装过程中可能产生的损坏。

(1)上管座检查

①检查清洁度,表面有无划痕、撞击痕、污迹等;

②检查上管座压紧弹簧有无损坏;

③检查"S"孔的状态是否完好;

④检查上管座和燃料棒之间有无杂物和污物。

(2)下管座检查

①检查清洁度;

②检查下管座和燃料棒之间有无杂物和污物;

③检查"S"孔有无损坏(放下前检查)。

(3)格架检查

格架应该清洁、无损坏、无变形、无裂纹。

(4)燃料棒检查

①燃料棒应该清洁、无损坏、无变形;

②表面应无不正常划痕(注:在燃料组件组装时产生的最大深度小于 0.025 mm 的划痕被认为是可接受的);

③燃料棒栅格内部应无杂物。

2. 表面沾污检查

辐射防护人员在开箱后对燃料组件进行表面沾污检查。

3. 疑难问题的处置

在燃料组件的检查过程中如发现有难以确定的问题,可以将燃料组件暂时存放在新燃料贮存区的干贮存架中等待进一步调查。

6.2.5.6 燃料组件的贮存

1. 注意事项

(1)检查辅助吊车的大、小车是否对中坐标;

(2)从低速到高速提升燃料组件,直至高限位置;

(3)将燃料组件移到新燃料升降机或者新燃料贮存区的干贮存架上方。

2. 贮存在新燃料贮存区(干法贮存)

(1)确认组件处于正确方位(*Y* 角);

(2)在下管座进入干贮存格架前 25 cm 和后 25 cm 时,辅吊吊钩需用低速下降,在燃料组件的最上一个定位格架进入干贮存架时,辅吊吊钩必须改用低速下降;

(3)到位后,松开新燃料组件抓具;

(4)盖上新燃料贮存区的盖板。

3. 贮存在 KX 水池(湿法贮存)

(1)确认新燃料升降机在上限位就位;

(2)将组件就位于升降机中;

(3)升降机下降到下限位;

(4)操作人桥吊车,利用乏燃料组件抓取新燃料组件;

(5)移动燃料组件到乏燃料水池中指定的格架栅格中。

6.2.5.7 空核燃料容器的关闭

(1)重新拧紧所有的压紧板螺栓;

(2)转回顶部压紧部件并插上安全销子;

(3)用辅吊吊钩和 1 m 长的吊带吊住燃料组件支承架(刚好绷紧吊绳即可);

(4)收回支承杆并插好销子;

(5)放下燃料组件支承架至水平位置;

(6)用双重吊绳和开箱间 5T 吊车的 5T 吊钩吊住防震床的尾端;

(7)上升 3~5 cm 后,放回横向支承管;

(8)用安全销锁紧横向支承管;

(9)松开并移走吊具;

(10)上紧摆动螺栓;

(11)固定好支承杆;

(12)收回和固定好外部支承架;

(13)检查核燃料容器内部有无松动部件;

(14)用开箱间 5T 吊车吊起核燃料容器盖;

(15)即将就位时检查垫片是否就位和 T 型螺栓是否与盖上孔一致;

(16)上紧 T 型螺栓;

(17)替换放射性标识为空容器标识。

6.2.5.8 把空核燃料容器装回核燃料集装箱

(1)把空核燃料容器按原来的位置装回原核燃料集装箱;

(2)安装紧固索具；

(3)20T 平板车开出 KX；

(4)用 70T 汽车吊将空核燃料集装箱卸到指定地点；

(5)完成并检查捆绑情况。

6.2.5.9 检查报告

核燃料容器和各类组件所有的检查项目都应填到《AFA3G17×17 燃料组件、相关组件装卸运输和交货检查表》中并签字，核燃料制造厂代表也必须在该表上签字。签字之后，将原件由核燃料制造厂带回，复印件由堆芯燃料处保存。

6.2.5.10 文件接收

接收并检查核燃料供货商提交的核燃料随运文件，新燃料出厂质量证明文件验收合格后交文档管理处归档保存。

由堆芯燃料处核材料衡算员签收核材料转移的相关文件，负责核燃料衡算报表与报告的编制。《核材料交接统计报表》一式三份，经确认并盖公司印章后，一份存档，一份返回发方，一份寄秦山核电核材料管制办公室。

第 7 章　核燃料贮存管理

为了确保核燃料贮存的安全，核燃料贮存必须遵循核安全法规、技术条件和程序的有关规定，目的是：

(1)防止意外临界；

(2)防止过量的照射；

(3)防止放射性物质不可接受地释放；

(4)避免造成影响核燃料的完整性的任何损伤；

(5)防止核燃料被任意转移。

7.1　核燃料贮存的安全要求

(1)核燃料贮存必须遵循以下核安全法规导则、设计技术条件、电厂管理程序和技术程序中规定的贮存安全要求：

①《核电厂的燃料装卸和贮存系统》(HAD102/15)；

②《核电厂堆芯和燃料管理》(HAD103/03)；

③《核电厂运行期间的辐射防护》(HAD103/04)；

④《核电厂防火》(HAD102/11)；

⑤《燃料操作和装运系统系统手册》；

⑥《燃料组件包装、运输及贮存技术条件》；

⑦《相关组件包装、运输及贮存技术条件》。

(2)按照设计要求和安全分析，贮存在新燃料贮存格架、乏燃料水池贮存格架或其他燃料贮存设施内的核燃料的^{235}U最大富集度不得超过5%，以避免发生临界事故。

(3)必须限制可燃物料不必要地堆放在核燃料贮存区域内以避免发生火灾。

(4)为避免发生临界事故并确保核燃料的完整性，核燃料的吊装、贮存和检查等各项操作必须按照清楚明了的、经过批准的书面规程，使用鉴定合格的设施、设备、装置或工具进行。

(5)从初始堆芯核燃料在其相应的燃料厂房内交付之时起，贮存区域即成为放射性控制区：

①乏燃料贮存水池的水位应保持在19.30 m以上，任何情况下都必须保证装运和贮存中的燃料组件和堆芯相关组件的上方有足够的水屏蔽(至少2.5 m厚的水层)，使操作面(标高为+20.00 m)的放射性剂量水平不超过2.5×10^{-5} Sv/h；

②应检查辐射监测仪器的工作性能并正确调定报警设定值；

③使用认可的程序和工具对水池表面的辐射量进行限制，从而保证核燃料组件不得上升得太靠近水面；

④确保通风系统正常运行；

⑤应对人员实行适当管理以及充分培训；

⑥工作人员因工作需要才可进入燃料厂房，严禁随意进入厂房。

(6)在核燃料运抵现场前,应指定核燃料的现场管理负责人,并且确保仅限于获准的人员、在规定的时段内被允许进入核燃料贮存区域。

(7)经收货检查验收合格的新燃料在装入反应堆压力容器之前应贮存在乏燃料水池核燃料贮存格架内(湿法贮存),或者在放入乏燃料贮存水池之前暂时贮存在新燃料贮存区的干贮存格架内(干法贮存)。根据 HAD003/03 和 HAD003/10,所有经收货检查验收剔除的核燃料均应以不符合项予以处理并记录在案,并暂时贮存在新燃料贮存区的干贮存格架内。

(8)为防止操作过程中损伤核燃料,管理人员应注意核燃料贮存区域的清洁度,防止乱扔杂物,避免异物进入贮存格架甚至燃料组件内。

(9)在任何情况下,燃料组件和相关组件均应垂直贮存。

(10)燃料厂房的贮存管理:

①对燃料厂房大门(KX+20 m 和 KX+14.25 m 大门)实行"磁卡等级授权"管理;

②为了及时了解燃料厂房的环境状况及异常情况,堆芯燃料处对燃料厂房定期进行巡检;

③新燃料贮存格架盖板实行双人双锁管理。

(11)核燃料的干法贮存:

①通风系统必须保证能除去放射性灰尘和挥发性裂变产物以防止不可接受的污染积累;

②在干法贮存区必须避免中子慢化剂(例如水)侵入而造成任何意外临界;

③在干法贮存区必须限制可燃物料不必要地堆放在核燃料贮存区域内,以避免发生火灾时核燃料温度过高;在干法贮存区内严禁使用消防水灭火,应使用干式化学灭火设备;

④必须将每个贮存小室用聚氯乙烯塞子塞住、盖好干法贮存区的金属盖板并加挂锁,以防止因物件掉落而损坏新燃料和新燃料贮存格架;

⑤必须及时锁住干法贮存区的门,以防止人员擅自进入;

⑥每年对干法贮存的核燃料打开并检查其状况。

(12)核燃料的湿法贮存。池水质量应保持在规定的温度、pH 值、活性和其他合适的化学和物理特性范围内,从而:

①保持适当的 pH 值和其他化学条件(如氯含量等),以避免贮存水池中核燃料组件和相关组件被过度腐蚀;

②池内硼酸水的硼浓度应处于 2 000~2 500 ppm[①];

③确保池水温度在规定的温度范围(池水平均水温 50 ℃),以防止硼结晶;确保池水温度不超过规定的最高温度(特殊情况下允许池水最高温度为 80 ℃),以防止池水过度蒸发导致溶解的挥发性裂变产物的不合格释放、加速贮存在水池中的核燃料组件和相关组件的腐蚀,以及贮存区域空气的高湿和高温使设备丧失可靠性;

④保持正确的水位并防止溢流,以降低水池区域的污染和辐射量;

⑤保持池水清澈(及时除去影响能见度的悬浮颗粒和溶解杂质)以便于核燃料吊装操作;

⑥用于水下照明设备的材料必须与环境相容,特别是不得发生不可接受的腐蚀或者对

① 1 ppm=0.000 1%

池水造成不可接受的污染。

(13)为避免贮存区域内贮存的核燃料被损伤,非经逐项批准,禁止非属起重的重物在贮存的核燃料上方移动,并应给出权威性警告。核燃料吊装开始之前,应对乏燃料水池人桥吊车、辅助桥吊以及燃料吊装专用工具按相关规程进行试验,以确保其安全可用。

(14)在乏燃料贮存水池内保留的剩余贮存格架应随时可容纳两个完整堆芯的核燃料。

(15)未辐照相关组件的贮存:未辐照相关组件贮存时应防止物理损伤,确保清洁度并防止放射性污染。应进行适当的检查以查明所有潜在的问题。

(16)已辐照相关组件的贮存:

①提供充分的冷却条件;

②对通道提供放射性保护的屏蔽及限制;

③相关组件的材料与存放介质应具有兼容性;

④相关组件要再次使用时应能接近。

(17)按照质量保证要求,应对吊装或贮存期间怀疑被损伤的所有核燃料进行检查,必要时应作为不合格核燃料看待。

(18)对怀疑被损伤的已辐照核燃料应采用专用设备或装置(比如啜漏试验装置及外观检查设备)进行检查。

7.2 核燃料的贮存方法

为确保核燃料具有相对稳定的贮存区域和位置、不被任意转移和丢失,以及避免核燃料被损伤,每次核燃料吊装活动都需通过技术程序事先通知并且获得授权。

7.2.1 新燃料的贮存

(1)新燃料运抵公司核电机组现场之前,现场应能提供贮存设施。必须实施检查以核实核燃料是否有正确的标识,并且必须将这些标识与随运文件进行核对。随运文件中应注明核燃料的有关记录,这些记录应包括^{235}U富集度、质量控制史等。应实施贮存管理并加以标识以避免不必要的搬运。

(2)经到货检查验收合格的新燃料在装入反应堆压力容器之前应贮存在乏燃料水池内。

(3)备用的新燃料可贮存在干贮存区域内,或贮存在乏燃料贮存水池内。

(4)新燃料一旦贮存,应得到以下保护:

①遮盖新燃料贮存区的每一个贮存单元以防物体或工具坠入并且未经批准不得打开。应标识新燃料并记录其在新燃料贮存格架或在乏燃料水池贮存格架上的位置;无论是干法贮存还是湿法贮存,新燃料的上管座方位应保持与新燃料装入反应堆压力容器的方位一致;

②新燃料贮存区的门及时锁住。

(5)防止意外临界。为了避免由于水或其他中子减速剂的慢化作用造成任何意外临界,在干法贮存区内不得发生水淹或存在有任何中子减速材料。

(6)防止火灾。

①未经特别批准禁止在核燃料贮存区内存放可燃物料;

②必须始终备有灭火须知和完备的干式化学灭火设备。

7.2.2 已辐照核燃料的贮存

(1)为避免贮存在乏燃料水池内的核燃料受到损伤,非经逐项批准,禁止非属起重的重物在乏燃料水池上方移动。

(2)应采取措施限制放射性辐射(详见相关的执行和监督规程)。

①乏燃料水池的水位应保持在规定的水位之间;

②应检查辐射监测仪器的工作性能并进行适当的调整以确保辐射强度达到报警设定值时能发出警报;

③应保证通风系统的正常运行。

7.2.3 漏损燃料组件的贮存

(1)漏损燃料组件在送往后处理厂之前应贮存在乏燃料水池中的漏损燃料贮存小室内以减少贮存污染。由于只有5个漏损燃料组件贮存孔道,所以乏燃料水池最多只能贮存5组漏损燃料组件。

(2)任何被怀疑为漏损的燃料组件在查明其为完好之前都应被作为漏损燃料组件对待。

第 8 章 核燃料性能管理

8.1 运行燃料完整性监督

电厂运行状态仍维持满意的状况界限，是稳态下 0.44×10^{10} Bq/t(0.12 Ci/t) 的 ^{131}I 当量瞬时比活度(A^{131}Ieq) 和 37×10^{10} Bq/t (10 Ci/t) 的惰性气体瞬时总比活度($\sum$ Gases) 阈值不被超过。当测得的 A^{131}Ieq 和 $\sum$ Gases 阈值超过这一范围时，应通知运行人员、各有关专业技术人员(技术、维修、安防、运行、核安全等专业技术人员)及主管运行的副总经理，以便采取补救措施，包括运行指令、强化监督、附加工业安全措施以及随后准备进行的漏损燃料组件的检查及修理。

在连续运行期间，若观测到 A^{131}Ieq 高于 1.85×10^{10} Bq/t(0.5 Ci/t)，则被认为出现了足够严重的燃料破损，并需要短期停堆。所有推荐的操作程序都是为了限制反应堆冷却剂系统的活度。

当 A^{131}Ieq 超过 3.7×10^{10} Bq/t(1.0 Ci/t) 且 $\sum$ Gases 超过 296×10^{10} Bq/t(80 Ci/t) 时，则被认为出现了足够严重的破损，并且要求立即停堆。尽管如此，仍然有 6 h 的时间让操作员进一步核实测量结果。

为了评估破损的数量和严重性，通过试验的方法选择了两项指标。

8.1.1 ^{133}Xe 活度

^{133}Xe 容易从小的破口处逃逸，而不被容纳在芯块和包壳间的间隙内。

^{133}Xe 在反应堆冷却剂中的浓度表明了破损棒的数量与功率。

8.1.2 同位素 ^{131}I 和 ^{133}I 的浓度之比

同位素 ^{131}I 和 ^{133}I 具有非常不同的放射性半衰期和相同的物理与化学性质。

同位素 ^{131}I 和 ^{133}I 浓度比的增加表示破损尺寸的减少。

因此，应注意，反应堆紧急停堆后会导致高碘峰的各种包壳状态，并将引起强 ^{133}Xe 活度(大于 3.7×10^{10} Bq/t(1 Ci/t))，相应的 ^{131}I/^{133}I 比值接近或大于 1。

因此，专门规定了 8 天的延迟时间，以便在限定的运行期限内，更容易地按计划降负荷。30 MW/min 的功率下降度将满足 5% RP/min 的最大准则。

反应堆冷却剂系统中 ^{134}I 比活度的变化被选作包壳明显损伤之后 UO_2 扩散期间最灵敏的指示。当 ^{134}I 的比活度超过 0.555×10^{10} Bq/t(0.15 Ci/t) 时，加强监测，以便尽早停堆来限制铀的扩散，以使在后继的运行中，剩余的污染不会引起与超过反应堆冷却剂活度有关的其他要求。

运行中负责燃料的管理部门对燃料组件进行监督。监督包括反应堆冷却剂裂变产物的放化分析，使用计算机软件等进行泄漏趋势分析和对泄漏起因、数量、大小和所在区位的估算。

负责管理燃料的部门按有关规程计算、整理各活度数据并定期通报厂部和有关各专业部门(维修、安防、运行、核安全部门)。

负责管理燃料的部门定期向燃料组件供应商和换料堆芯管理设计承包商提供与燃料组件运行有关的监测数据,及时督促其提交对燃料组件泄漏的评价以及对电厂运行的建议,以防重复出现泄漏和危害的扩展。

8.2 燃料可靠性指标(*FRI*)

8.2.1 *FRI* 意义

FRI 的目的是监测达到及保持高水平的燃料完整性,并促进对保持燃料完整性的重视。燃料破损表示防止裂变产物释放的第一道屏障遭到了破坏,同时会对运行成本和运行性能产生负面影响,并增加对电厂员工的辐射危害。

FRI 为监测因燃料缺陷而引起反应堆冷却剂活度增加的程度提供了一个通用手段。根据燃料供应商提供的数据,对于压水堆而言,如果一个反应堆堆芯中存在一个或数个燃料缺陷,就会使在稳态条件下的 *FRI* 值大于 19 Bq/g(5.0×10^{-4} μCi/g)。如果堆芯的 *FRI* 值等于或小于 19 Bq/g,则基本可以确定在稳态下该堆芯没有燃料缺陷。

一般认为,某些燃料包壳的破损只有在功率剧裂变化过程中的短时间内才明显。这种类型的较小破损不会使指标 *FRI* 值明显增加,对电厂运行的影响也很小,员工的辐照剂量也不会明显增加。

许多因素都会影响 *FRI* 值,*FRI* 不能精确计算出存在缺陷的数量。这些因素包括局部燃料芯快的功率、燃料的设计、破损产生时的燃耗深度、破损的类型和尺寸、堆芯黏物质的数量与结构形式,以及活度测量过程中的不确定性等。因此,只有通过反应堆工程师复杂的分析,才能具体确定燃料缺陷的数量和尺寸。

8.2.2 *FRI* 定义

FRI 是通过反应堆冷却剂中的裂变产物的放射性活度进行推算。由于设计的不同,该指标对不同的堆型有不同的计算方法。

针对压水堆,*FRI* 定义为:稳态条件下一回路冷却剂中 ^{131}I 的活度(Bq/g),同时该活度通过黏附铀影响和功率水平的修正并归一化到通用净化率。

稳态条件 *FRI* 的定义为:在数据采集之前,机组在某一功率水平至少连续运行 3 天以上,且功率变化不超过±5%。为确保指标的准确性,在计算月度的指标值时,必须采用≥85%额定功率的稳态工况下的数据。对于稳态工况不大于 85%额定功率的月份,应报告当月最高的稳态功率。在这种情况下,可以不报告支持 *FRI* 的数据,这些数据不能用于计算 *FRI* 值。

黏附影响是附着在堆内构件上可裂变物质产生的影响。这些可裂变物质可能是源自先前缺陷的燃料元件,或是在制造过程中残留在燃料元件表面上的可裂变物质。

在该指标中,假设黏附物质的构成是 30%铀和 70%钚。

净化率是指每秒钟反应堆冷却剂流过净化系统的质量份额。

线性热功率密度(*LHGR*)是指在 100%额定功率下的平均堆芯热功率,以 kW/m 为单位。

8.2.3 压水堆燃料可靠性指标(FRI_P)计算

8.2.3.1 基础数据

计算单个机组的指标值时,需要以下参数:

(1)反应堆冷却剂中^{131}I 的月度平均活度,Bq/g;

(2)反应堆冷却剂中^{134}I 的月度平均活度,Bq/g;

(3)实际的净化率常数,s^{-1};

(4)反应堆功率,%;

(5)线功率密度,kW/m。

8.2.3.2 计算方法

本指标的机组值和行业值的计算方法如下。

本指标的月度值:

$$FRI_P = [(A_{131})_N - k(A_{134})_N] \times [(L_n/LHGR) \times (100/Po)]^{1.5}$$

式中 FRI_P——稳态时一回路冷却剂^{131}I 平均活度,经过黏附影响和功率水平的修正,并对通用净化率和线功率密度进行归一化处理;

$(A_{131})_N$——冷却剂中^{131}I 稳态时平均活度,归一化到通用净化率,Bq/g;

k——黏附修正系数(常数:0.0318),以假设黏附物质的构成为 30%铀和 70%钚为前提;

$(A_{134})_N$——冷却剂的^{134}I 稳态时平均活度,归一化到通用净化率,Bq/g;

L_n——用于归一化的通用线功率密度(常数:18.0 kW/m);

$LHGR$——机组在 100%额定功率下的平均线功率密度,kW/m;

Po——在数据采集时的反应堆功率的平均值,%。

因为^{134}I 的半衰期很短,可以假设所有测到的^{134}I 活度都来自黏附物质的裂变。根据这个假设,来自当前燃料缺陷的^{131}I 活度可估算如下:

$$A_D = A_{131N} - k \cdot A_{134N}$$

式中 A_D——来自燃料缺陷的^{131}I 活度(用下面介绍的方法归一化到通用净化率);

A_{131N}——实测的^{131}I 活度(用下面介绍的方法归一化到通用净化率);

A_{134N}——实测的^{134}I 活度(用下面介绍的方法归一化到通用净化率);

k——常数,取决于黏附物质的构成。

8.2.3.3 修正系数

1. 净化率修正

反应堆冷却剂下泄(或净化)率将影响稳态时冷却剂中的^{131}I 和^{134}I 的浓度。为了使不同净化率的机组之间有可比性,将实测^{131}I 和^{134}I 活度利用以下公式归一化到通用净化率常数 Bn:

$$A_N = A_M \times \frac{\lambda + Ba}{\lambda + Bn}$$

式中 A_N——归一化后的同位素活度,Bq/g;

A_M——实测的同位素活度,Bq/g;

λ——核素的衰变常数,s^{-1};

Ba——实际的净化率常数,s^{-1},定义如下:

$$Ba=\frac{\text{正常的 }RCP\text{ 运行温度的下泄流量修正}}{\text{正常运行温度下反应堆冷却剂体积(除稳压器外)}}$$

$$Bn=(2\times10^{-5}/s) \qquad (Bn\text{:指标定义中规定的常数。})$$

在上面计算 Ba 的公式中用到的实测下泄流量,必须根据反应堆冷却剂系统(RCS)和下泄之间不同的密度进行修正,否则可能引起净化率常数出现 25%~40%的偏差。

实测下泄流量通过乘以正常的 RCS 运行温度和下泄温度的比容的比来修正:

$$\text{实测下泄流量}\times\frac{\text{正常 }RCP\text{ 运行温度下的流体比容}}{\text{正常下泄温度的流体比容}}$$

2. 黏附修正系数(k)

黏附物质中对于碘活度测量有影响的物质主要是 ^{235}U、^{239}Pu 和 ^{241}Pu 等三种核素。^{235}U 和 ^{241}Pu 裂变时,碘的产生份额是基本相同的,但 ^{239}Pu 裂变时,碘的产生份额与前者有较大不同。

研究表明,在较高燃耗之后,^{239}Pu 裂变大约占黏附物质总裂变的 70%。由于黏附物质一般经过多个燃料循环,因此黏附物质的有效燃耗一般都较高。

在计算黏附修正系数时,假设 ^{131}I 和 ^{134}I 的产生份额 70%来自 ^{239}Pu,30%来自 ^{235}U,这种假定是比较合理准确的。在下面的黏附修正系数(k)的计算中,引用了表 8-1 中的裂变产物份额。

因为一种核素的释放率与它在裂变产物中的份额成正比,来自黏附物质的 ^{131}I 活度可以用 ^{134}I 的活度乘以 ^{131}I 与 ^{134}I 的产生份额的比率来得到。对没有功率峰及别的燃料棒破损迹象的机组的冷却剂活度分析表明,在黏附物质裂变时,裂变产物扩散到冷却剂的份额取决于核素的半衰期。

从观察到的活度看,某种因素延迟了 ^{134}I 释放。延迟程度对于高活度和低活度的黏附物质来说是相同的。其原因是在反应堆冷却剂系统“污垢”表面上的吸收或裂变产物的延迟释放是一致的。

为了对延迟效应进行修正,对黏附修正系数建立了如下修正模型。该模型对于放射性活度主要来自破损燃料棒的机组来说效果不明显,但对于放射性活度主要来自黏附物质的机组来说效果较明显。

$$k=\frac{[Y\times(\lambda)^{0.955}/(\lambda+Bn)]}{[Y\times(\lambda)^{0.955}/(\lambda+Bn)]134}$$

式中,Y 为同位素在裂变产物中的份额。

将表 8-1 中的 λ 和 Y 值代入公式,得到黏附修正系数(k)。k=0.031 8。

表 8-1 ^{131}I 和 ^{134}I 的衰变常数和产生份额

同位素	衰变常数 (λ)/s^{-1}	产生份额(Y)		
		铀	钚	混合物*
^{131}I	1×10^{-6}	0.028 8	0.038 7	0.035 7
^{134}I	2.2×10^{-4}	0.077 0	0.073 0	0.074 2

注:* 混合物的值以 30%铀和 70%钚为基础。

3. 功率修正和归一化

反应堆功率对反应堆冷却剂中的气体释放产生显著影响。随着功率的增加,燃料中裂变产物的产生呈线性增加,而裂变产物从燃料到冷却剂的释放呈指数增加。因此,指标值对功率水平进行修正(在小于 100% 功率运行时),并归一化到通用平均线功率密度(LHGR)。

在机组低于满功率运行时,需要归一化到通用平均线功率密度,并对裂变产物产生和释放进行修正。该修正需利用 PWR 燃料供应商开发的以下经验公式:

$$FRI_P = A_D \times [(L_n/LHGR) \times (100/Po)]^{1.5}$$

式中 A_D——在修正之前的燃料可靠性指标值;

L_n——通用线功率,18.0 kW/m;

$LHGR$——机组在 100%功率时的平均线功率,kW/m;

Po——取样时反应堆功率的平均值,%。

将 A_D 的值代入这个公式,得到如下压水堆的燃料可靠性指标公式:

$$FRI_P = [(A_{131})_N - 0.031\,8(A_{134})_N] \times [(L_n/LHGR) \times (100/Po)]^{1.5}$$

如果机组的月度指标值小于 0.037 Bq/g,则当月的指标值取为 0.037 Bq/g。

8.3 燃料组件漏损处置

机组运行期间,根据一回路水的放化分析数据对燃料组件的完整性进行评价。如果一回路裂变产物活度超限,则燃料组件在卸出反应堆压力容器后进入乏燃料贮存水池之前应当进行在线啜吸试验,以确定燃料组件是否发生破损。对于通过在线啜吸试验发现的需入堆复用的可疑燃料组件和破损燃料组件,应当于卸料后一个月内在乏燃料水池进行离线啜吸试验,进一步确定其是否破损及破损程度。

8.3.1 泄漏燃料组件再入堆复用的规定

泄漏燃料组件原则上不再入堆复用,如确需入堆复用,则必须同时满足以下三个准则。

准则 1:定量啜吸试验测试计算出的泄漏燃料组件漏孔当量直径应小于 35 μm;

准则 2:定量啜吸试验获得的水样中,镧、钡、锆、镎等固体裂变产物的含量不出现明显高出本底的峰值;

准则 3:装入下一循环的泄漏燃料组件总数,要根据上一循环末冷却剂放射性强度以及定量啜吸试验结果确定,要使在下一循环初期由所装泄漏燃料组件造成的冷却剂中^{131}Ieq 的增量小于 0.03 Ci/t 。

8.3.2 机械损伤燃料组件再入堆复用的规定

下列带有机械损伤的燃料组件在修复满意之前不得再入堆复用:

(1)带有在下一循环运行中可能产生不可接受泄漏风险的划伤或磨损的燃料棒,或者定位格架损伤或变形的燃料组件;

(2)存在可能影响燃料组件正常定位或吊装操作的损伤或变形的燃料组件。

带有机械损伤的燃料组件必须经过工程判断以确定该燃料组件能否再入堆复用。

8.3.3 异物处理

(1)在发现压力容器和主回路中存在可能进入燃料组件的异物,或者对泄漏或怀疑泄漏的燃料组件所做的外观检查证实是异物导致泄漏时,应对其他需再入堆复用的燃料组件进行异物检查。

(2)压力容器底部及主回路其他部位存在的异物必须彻底消除。

8.3.4 堆芯装载图调整

(1)如果漏损燃料组件是原计划需再入堆复用的但又判定为不能进入下一循环继续使用的燃料组件,则必须紧急调整堆芯装载图和调整堆芯燃料管理,并送国家核安全局(NNSA)紧急审批。

(2)替代燃料组件选择:紧急调整堆芯装载图时可选择的替代燃料组件,可以是新燃料组件,或者是燃耗深度和^{235}U富集度合适且完好的已辐照燃料组件。

(3)应研究"陪伴漏损燃料组件一块更换的未漏损燃料组件"的使用方案。

第 9 章　机组大修燃料工作

9.1　核燃料移动文件及检查计划准备

核燃料移动文件的准备主要包括两部分,分别为新燃料组件的厂内转移计划准备和乏燃料组件转移。

中核核电运行管理有限公司(简称中核运行)自 2014 年与核工业计算机应用研究所共同研制开发了核燃料组件管理信息系统 N1-NMS,每个循环开启后,所有的移动文件均可在 N1-NMS 软件内进行编制和软件校对。

流程:在循环维护界面开启准备大修的循环号—回到主界面进入方案准备模块—根据制造厂提供的新燃料组件编号或者设计院提供的堆芯装载方案,依次编制燃料组件移动计划—生成移动步序,在 EAM 文件系统中编制移动计划并生效—实施完毕后,在 N1-NMS 系统中点击实施,完成以上内容的步序实施。

9.2　大修燃料组件的厂内移动文件准备

大修燃料组件的移动文件准备及编制与新燃料接收流程类似,模块使用上相对更为复杂。分别需要编制装料步序、卸料步序、装料乏燃料对应乏池图、乏料卸料维支、卸料顺序表、相关组件倒换、装料顺序表,编制完成后,可经方案验证模块进行核对,分别包含堆芯校核、方案模拟、方案维护以及生成移动报表。

9.3　核燃料检查设备的准备

燃料检查设备主要针对已辐照的燃料组件开展破损检查或者在役检查,包括已辐照燃料检查装置、在线啜吸系统、离线啜吸系统、变形测量系统,秦山第二核电厂还配备有变形测量装置,国产燃料组件配备有燃料氧化膜、棒径测量专用的池边检查装置,所有装置根据大修需求,定期开展维护,并在大修前具备使用条件。

9.3.1　已辐照燃料检查装置

已辐照燃料检查装置主要用于水下检查燃料组件是否有机械损伤和变形,包括组件上、下管座及燃料组件的四面。此装置安装在 KX 水池内,通过水下摄像机的拍摄,操作员可在 20.00 m 平台上用电视(TV)监视器检查组件。

其水下部分主要由下列部件组成:

电视摄像探头及水下照明灯;电视摄像探头行驶小车(电动);车导轨支架;燃料组件上部导向支架;燃料组件下部导向支架;反光镜。

其水上部分主要由下列部件组成:

卷扬机;电气控制盘;TV 监视器;图像调节控制柜;燃料组件旋转及反光镜;位置操

作台。

操作时,先将上部镜子处于转载位置,将燃料组件沿上部导向支架放入,使燃料组件定位在下部导向支架的旋转底盘上,通过操作 20.00 m 平台上的电气控制盘,可以提升或下降电视摄像探头检查燃料组件的表面;并且可以借助反光镜和旋转台检查燃料组件的所有外表面。

9.3.2 在线啜吸试验系统

判断已辐照燃料组件是否漏损并向外泄漏裂变产物,通常通过两道啜吸检测系统进行测试。首先在堆芯卸料期间使用安装在装卸料机上的在线啜吸试验系统进行定性测试。检测时,装卸料机先把反应堆压力容器中的燃料组件往上提至装卸料机桅杆套筒内的欲测量位置。由于燃料组件处于其在反应堆压力容器中的原使用位置与现在处于的测量位置之间的水压压强的变化,因此若该燃料组件已漏损,则上述水压压强的差将促使燃料棒包壳内部的气态裂变产物向包壳外部释放。然后在线啜吸试验系统连续地往处于装卸料机桅杆套筒中的燃料组件内喷射空气,气流贯穿整个燃料组件,将气流带出的气态裂变产物引导到 γ 射线测量系统中进行俘获、比较测量并予以显示,操作者就可从仪表盘上定性判断所卸燃料组件是否漏损。

9.3.3 离线啜吸检测系统

经在线啜吸试验定性判定可能漏损的燃料组件将借助池边啜吸试检测系统进行进一步的燃料棒的严密性检测,以定量判定是否漏损及其漏孔当量直径的大小。该系统还用于乏燃料组件在 KX 水池中存放完毕准备发往后处理厂之前做漏损检测。

采用池边啜吸检测系统对怀疑漏损的燃料组件进行定量的严密性测试,可避免由于把漏损的燃料组件入堆复用而造成严重的核安全问题和巨大的经济损失,还可避免乏燃料组件转运到后处理厂的过程中的放射性污染问题,意义十分重大。

必须在待检测的燃料组件卸出反应堆之后的 1 个月以内进行池边离线啜吸检测。首先把待检测的燃料组件装入池边离线啜吸检测系统的啜吸室中。然后进行两个温度平台的升温(55~75 ℃,85~98 ℃),气体回路在升温过程中每 2 分钟测 1 次^{133}Xe 放射性强度,同时记录水温,并从取样口取水样和气样至少 3 次(分别为本底、第一温度平台和第二温度平台)送到放射化学实验室进行分析。气样的显示核素为^{133}Xe、^{133m}Xe、^{131m}Xe、^{85}Kr,水样的显示核素为^{133}Xe、^{131}I、^{134}Cs、^{136}Cs、^{137}Cs、^{103}Ru、^{139}Np、^{140}La、^{140}Ba、^{110m}Ag、^{58}Co、^{60}Co。通过确定裂变产物泄漏的稳定化动力学、该燃料组件在堆内的功率历史和主回路放射性数据,可定量确定该燃料组件是否漏损以及漏孔当量直径。每做一组燃料组件的池边离线啜漏检测试验需持续 1 小时左右。池边离线啜吸检测系统的整个系统由安装在 KX 水池池底 7.50 m 标高的基座上的啜吸室、仪表控制柜、机电柜、手套箱、γ 活度测量通道、打开或关闭啜吸室盖子的长柄操作工具以及驱动盖子翻转的传动系统等零部件组成。

9.4 大修组织机构的建立

大修组织机构是秦山核电机组换料检修从准备到实施,以及完成后的经验总结、反馈与纠正行动制订等的组织和管理部门,具体负责核安全、辐射防护与工业安全、保卫与消防、质量保证与质量控制、计划、运行、维修、技术支持、技术改造、验收、执行协调、商务与物资供应、维修支持管理以及行政支持与后勤保障等。

大修组织机构总体由大修管理处负责建立,各部门针对专业领域建立专项组织机构。

换料大修装卸料需设置专门的装卸料组织机构,组织和协调堆芯装卸料工作。典型的装卸料组织机构见图 9-1。

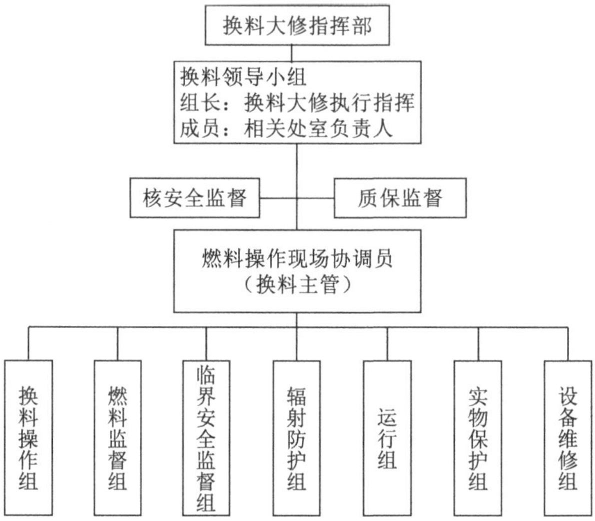

图 9-1 某电厂换料大修装卸料组织机构图

9.4.1 换料领导小组

换料领导小组由公司有关领导和各相关处室负责人组成,组长由主管领导担任。换料领导小组负责组织领导换料准备和实施工作,检查换料条件,研究处理换料过程中发生的重大事项。

9.4.2 质保监督

质保监督由质保部门负责。质保监督人员负责对相关处室换料文件的有效性、换料操作人员的 FH 授权、换料设备的可用性等换料先决条件进行监督,并对换料的实施过程和装料后堆的芯核查工作进行监督。

9.4.3 核安全监督

核安全监督由核安全处核安全工程师负责。核安全工程师具体负责装卸料状态转换条件满足后的控制点释放,在换料期间监督相关操作是否满足技术规格书的要求,检查换料现场的情况,发现异常时及时通知当班值长、换料主管和相关领导,发生事故时按照事故或应急程序履行核安全工程师职责。

9.4.4 燃料操作现场协调员

燃料操作现场协调员由当班换料主管担任。在换料领导小组的领导下,燃料操作现场协调员负责换料的组织和实施工作,负责在换料期间协调与换料有关各部门的工作和换料现场的工作,负责组织召开换料操作前 PMC 系统设备、工具和现场状态检查会,确认换料的相关条件得到满足。

9.4.5 换料操作组

9.4.5.1 换料主管

换料主管由 RX 厂房换料操作工程师担任,是换料期间现场总指挥。换料主管负责换料期间协调现场各有关部门工作,负责与临界安全监督人员电话联系,交换临界安全和换料信息。

换料主管全面负责组织、协调当值换料操作的实施,负责核对 RX 厂房燃料监督人员提交的燃料组件移动单是否与燃料移动规程相符,负责确认装卸料机坐标与燃料组件移动单是否相符,监督确认装卸料机操作员和转运装置操作员的每步操作,决定装卸料过程中的旁路操作的执行,在装料过程中确认燃料组件正确就位。

遇重大异常情况时,换料主管应及时向换料领导小组汇报。在 RX 厂房发生燃料组件损坏事故的情况下,负责下达停止换料操作命令,执行厂房应急程序,组织换料人员撤离现场,并向主控室当班值长和应急抢修组组长汇报具体情况。

换料主管负责 RX+20 m 现场的人员控制,协助辐射防护组进行现场的异物控制。

9.4.5.2 换料副主管

换料副主管由 KX 厂房换料操作工程师担任。换料副主管负责组织、协调 KX 厂房当值换料操作的实施,负责核对 KX 厂房燃料监督人员提交的燃料组件移动单是否与燃料移动规程相符。负责确认人桥吊车的坐标与燃料组件移动单是否相符,监督 KX 厂房其他两名换料操作员的每步操作。

在异常情况下,换料副主管必须及时向换料主管报告。在 KX 厂房发生燃料组件损坏事故的情况下,负责下达停止换料操作命令,执行厂房应急程序,组织换料人员撤离现场,并向主控室当班值长和应急抢修组组长汇报具体情况。

换料副主管还负责 KX+20 m 现场的人员控制,协助辐射防护组进行现场的异物控制。

9.4.5.3 换料操作员

换料操作员负责按照换料操作程序和燃料组件移动单进行换料操作。在装料前操作人桥吊车,协助燃料监督组进行乏燃料水池燃料组件实物核查。装料完成后,操作装卸料机协助燃料监督人员按堆芯装载图进行堆芯核查。

有异常情况及时向换料主管或副主管报告。

9.4.6 燃料监督组

燃料监督组由技术部门燃料监督人员组成。燃料监督组在每个机组换料大修前必须根据设计院《堆芯装载计划》和《换料大纲》编制核燃料移动程序:

《X 号机组第 X 循环新燃料贮存计划》以及 KX 燃料组件移动单。

《X 号机组第 X 循环堆芯卸料移动和贮存规定》以及 RX、KX 卸料燃料组件移动单;

《X 号机组第 X 循环相关组件倒换规定》以及相关组件移动单;

《X 号机组第 X 循环堆芯装料移动规定》以及 RX、KX 装料燃料组件移动单;

上述燃料移动程序经技术部门校核、审定,并报主管生产副总经理批准生效。生效后的燃料移动程序及其移动单是换料大修燃料操作的唯一依据。

核燃料的操作必须在燃料监督人员的监督下进行。

在每步燃料操作前，燃料监督人员根据燃料移动程序在操作现场向燃料操作负责人签发《燃料操作移动单》；在操作过程中，见证燃料组件的实际移动过程是否符合规定；操作完成后，由操作负责人和操作者在《燃料操作移动单》上签字；燃料监督人员再次在《燃料操作移动单》上第二次签字确认该步操作。每发送一组燃料组件，RX 厂房和 KX 厂房的燃料监督人员须通电话确认该组件的编号和步序，以防止移动错误。

参与制订换料燃料组件移动步序临时变更方案。

在堆芯装料过程中，组织在线啜吸试验和燃料组件变形测量。

在卸料结束后，必要时在乏燃料水池对部分卸料燃料组件及其相关组件进行相应手段的检查。

每次装料前，组织进行乏燃料水池实物盘存，以确认相关组件倒换的正确性。核查要有文字记录和录像记录，实物核查合格后，方可进行堆芯装料操作。

堆芯装料完成后，立即进行堆芯照相，以确认堆芯装载符合堆芯装载图规定。堆芯照相核查结果要有文字记录和录像记录。只有在堆芯照相核查结果完全符合堆芯装载图后，才能进行反应堆压力容器扣大盖操作。

9.4.7 临界安全监督组

临界安全监督组由技术部门临界监督人员组成，负责换料期间堆芯临界安全监督，负责与换料主管电话联系，交换临界安全和换料信息，并向当班值长通报换料和临界安全信息。

在换料过程中，若堆芯出现意外临界状态，临界安全监督人员应立即电话通知当班换料主管停止换料，然后向当班值长汇报，由当班值长执行相关的事故规程。

9.4.8 运行组

运行组由当班值长和操纵员组成。运行组负责与换料相关系统的运行，负责换料期间换料水池和乏燃料水池的水位、水温等控制，监视 RPN 源量程指示。

在发生燃料组件破损的事故情况下，当班值长负责执行相关事故规程，通知有关人员撤离换料现场。

9.4.9 辐射防护组

辐射防护组由负责辐射防护人员组成。辐射防护组负责换料现场人员的辐射防护，具体负责换料现场的辐射监测和剂量水平控制，负责换料现场辐射防护用品的准备及发放，必要时采取措施以保证换料现场的人员安全。

辐射防护组还负责换料现场的异物控制。

9.4.10 实物保护组

实物保护组由电厂负责保卫的人员组成。实物保护组负责 RX+20 m 换料现场的实物保护工作，负责 RX+20 m 换料现场人员的出入控制，协助辐射防护组进行 RX+20 m 的异物控制，协助换料主管对 RX+20 m 换料现场的人员数量进行控制。

正常换料情况下 RX+20 m 不得超过 20 人，一旦超过 20 人，实物保护人员必须请示当班换料主管。

9.4.11 设备维修组

设备维修组由维修部门中负责机械、电气的 PMC 系统设备维修人员和 PMC 系统设备制造厂的维修人员组成。

设备维修组负责换料期间及时排除换料设备的故障。

堆芯燃料处针对大修，成立专项组织机构，组织机构中，项目组组长由堆芯燃料处处级领导担任，项目协调员/替代人由对应机组的燃料和物理科机组负责人分别担任，主要作为大修经理的接口，对大修期间所有燃料工作窗口进行沟通和确认。

物理实验组：主要由堆芯燃料处物理科担任，分为 4 个班，每班次 3 人，含 1 名带班班长。

燃料计划小组：负责燃料移动计划的编制、校核，装卸料期间对应班次燃料监督人员的应急替代。

卸料/装料班：负责大修装卸料期间的燃料移动过程监督，确保实际燃料移动坐标位置与编制的计划一致。

安审支持小组：负责换料文件的安审支持；

保障支持小组：负责大修应急食品、大修保障工作；

现场支持小组：负责现场应急情况的技术支持。

每个小组职责明确，全程保障大修的顺利实施。

9.5 人员培训与授权

在每次换料操作前，燃料操作人员必须经过理论培训和综合演练期间的实际操作培训，考试合格并取得 FH 授权后，方可进行燃料操作。

燃料操作 FH 授权按照公司有关规定执行。

核燃料管理人员培训分为核燃料辅助工程师、核燃料工程师、核燃料主管工程师三种类型的培训，分别均有与之对应的详细的培训清单，完成并通过培训清单中所有课程，则可在 ERP 中申请对应的岗位授权，未经授权，不得独立开展相关工作。

9.6 在线啜吸和离线啜吸检查

详见 9.3.2 和 9.3.3。

9.7 已辐照燃料组件辐照变形测量

应在停堆卸料的过程中对部分已辐照燃料组件进行辐照变形监测。

国际上目前普遍使用的燃料组件辐照变形测试系统，一般采用耐辐照水下电视摄像系统的视频技术。SIEMENS 研发的燃料组件辐照变形测试系统具有代表性。该测试系统被布置在乏燃料水池靠新燃料升降机一侧，摄像机支架安装在新燃料升降机的燃料承载架上，借助新燃料升降机的升降系统使摄像机做上下移动；标尺和重垂支架固定在靠近升降机的池边，可拆卸。测量燃料组件时，将待测燃料组件从乏燃料水池的贮存位置吊运到靠近测量系统的乏燃料贮存格架上方，燃料组件靠自重稳定一段时间后，使用摄像机对燃料组件和重垂线同步摄像，经数据发生器处理之后，给出燃料组件相对重垂线的偏移，来表示燃料组件的弯曲和偏转等变形。但该类系统的缺点是：

(1)采用视频技术以及测试时燃料组件处于悬挂状态而不稳定，致使测量误差较大；

(2)当前的视频法还不能测试燃料组件的扭转变形；

(3)测试需时较长，测试一组燃料组件需用几小时，也不能进行在线测试；

(4)由于是卸料贮存之后再次吊运到测试系统旁进行测试，就增加了燃料组件吊装次数，从而增加了吊装风险，也不能及时将测试数据反馈到堆芯装料过程；

(5)价格昂贵。

国内某 CNP600 电厂采用的是“超声测距法”测量已辐照燃料组件变形量。在乏燃料贮存水池与燃料转运水池的水闸门侧壁，安装一个垂直支架；在该支架上布置横向 8 层、纵向 3 列、共由 16 个超声直探头构成的矩阵(图 9-2)。其中一列为主测试探头组，另两列为辅助测试探头组。使用 16 通道超声仪同时采集 16 个测试探头与被测燃料组件的距离(测量值)，经与由测试假燃料组件而得出的标定值比较，得出各探头的测距偏差，根据测距偏差及标定值，描述被测燃料组件辐照变形及其程度。

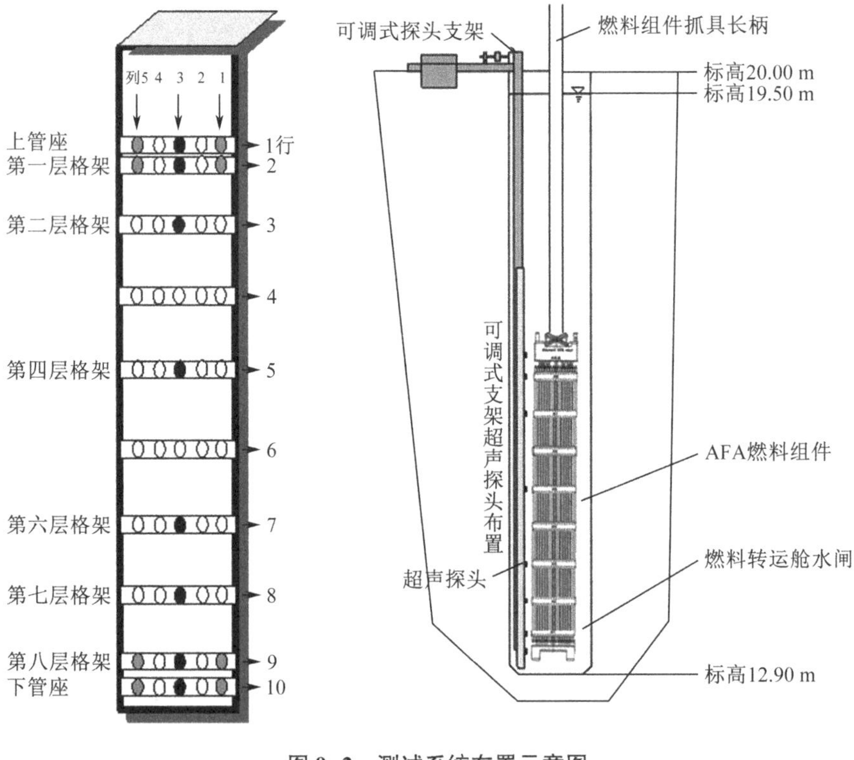

图 9-2 测试系统布置示意图

堆芯卸料过程，已辐照燃料组件从反应堆厂房(RX 厂房)经由燃料转运舱传输到燃料厂房；吊运经过燃料转运舱与乏燃料水池连通的水闸门时停止；稍加稳定，探头组先对燃料组件朝向反应堆堆芯 270°的侧面方向进行声波测量,利用自动采集系统,记录、保存各通道的组件侧面反射回来的声波信号;在确认已采集到稳定数据后,将燃料组件以燃料组件抓具长柄为轴,逆时针方向旋转 90°,此时测量燃料组件朝向反应堆堆芯 0°的侧面,同样地记录和保存各通道的声波反射信号。实际测得,测量一组燃料组件需 3~5 min。测试结束之后,顺时针方向旋转 90°,然后将燃料组件吊运到乏燃料水池的贮存格架贮存。

对每组燃料组件测量两个相邻的侧面,由超声仪获得的数据有 2 组共计 32 个。当采集完一组燃料组件的数据后,在分析时,利用软件的分析显示功能同时显示一组纵列探头通道的 B-scan 和 A-scan。读数时,先选定某一时刻(在扫查线上显示的是距离值 mm),对同一组纵列的所有探头在这一时刻测量各自的声程值。测量时将反射波区域放大,逐点移动测量标尺线,以反射最高波点为测量点。记录各点的数据。将记录的数据与利用假燃料组件建立的基准进行比较,得出各探头在同一时刻的读数偏移值。此时,选择的测量瞬间燃料组件的被测侧面与探头的参考基准面不平行,此时得出的读数偏移量并非是各个测量点的绝对偏移量。利用 Excel 和 AutoCAD 软件计算并作图得出下管座和其他格架测量点相对基准的偏移量,这就可以修正测量瞬间燃料组件由于摆动引起被测侧面与探头组不平行的影响,分别得出组件 270°方向和 0°方向各测量点的实际偏移量。另一方面,利用上管座与下管座不同列辅助测量探头的测量结果,可分别得出燃料组件的扭转角度。

9.8 已辐照燃料组件水下电视外观检查

9.8.1 已辐照燃料组件外观检查规定

对下列三种已辐照燃料组件应进行外观检查:

(1)在线啜吸试验定性判定泄漏或怀疑泄漏的燃料组件;

(2)可能已受到吊装事故或碰撞影响的燃料组件;

(3)怀疑存在异物或受到异物磨损的燃料组件。

按照有关技术程序,使用乏燃料检查装置闭路电视系统对上述三种已辐照燃料组件进行水下电视外观检查,以期查明漏损原因和可能存在的事故隐患。

乏燃料检查装置包括一个由上部导向装置和下部导向装置组成的贮存小室,用于接收燃料组件;一个提升机构,用于垂直方向驱动摄像机小车,实现对已辐照燃料组件在整个长度的观察。通过操作台上的下部导向装置操纵机构 360°转动乏燃料组件实现对组件四个侧面的观察;通过上部反光镜、下部反光镜及其操纵机构对燃料组件上、下底面进行观察。

已辐照燃料组件外观检查主要检查部位为外层燃料棒、定位格架表面、燃料组件下数第二层格架以下部分,以及上管座吊装和定位部件。

9.8.2 已辐照燃料组件检查方法

按照有关技术规程,使用乏燃料检查装置闭路电视系统对上述三种已辐照燃料组件进行水下电视外观检查,以期查明漏损原因和可能存在的事故隐患。

9.8.3 机械损伤的工程判断

已辐照燃料组件机械损伤主要包括燃料棒泄漏、过量磨蚀或刮伤、燃料组件骨架变形和损伤等。带有机械损伤的已辐照燃料组件必须经过工程判断以确定该燃料组件能否再入堆复用。

必须对上述已辐照燃料组件的机械损伤进行以下项目的工程判断，检查到的表面附着的金属异物必须清除。

(1)上管座和燃料棒之间有无杂物和污物；

(2)下管座和燃料棒之间有无杂物和污物；

(3)上管座压紧弹簧有无损坏；

(4)格架有无损伤、变形和裂纹；

(5)燃料棒表面有无过量磨蚀和刮伤；

(6)有无其他异常。

9.9 堆芯异物核查

装料前，由堆芯燃料处组织对下栅格板开展异物核查。

(1)在发现压力容器和主回路中存在可能进入燃料组件的异物，或者对泄漏或怀疑泄漏的燃料组件所做的外观检查证实是异物导致泄漏时，应对其他需再入堆复用的燃料组件进行异物检查。

(2)压力容器底部及主回路其他部位存在的异物必须彻底消除。

9.10 实物盘存及堆芯照相

实物核查采用水下电视系统进行，其系统由以下部分组成：

(1)可调式探头支架；

(2)带云台式摄像头(PTZ-6.0)；

(3)V6 视频采集卡；

(4)信息处理平台(PC 机)；

(5)视频控制器；

(6)录像机(DSR-25)；

(7)监视器。

将水下摄像头布置在待检燃料组件上方，利用视频控制器调整至合适角度，在监视器上能清楚读出燃料组件和相关组件标识号为止，进行视频采集，将摄像头传来的模拟视频信号转换成可以被 Liquid 接收使用的高质量数字视频信号，供其进行视频编辑和视频流格式转换、存储，达到数字采集的目的；利用 Liquid 视频编辑处理软件的操作平台，进行数字视频信号的信号收集，素材存储，排版编辑，DVD 格式的转换、储存以及视频记录 DVD 的刻录；录像机实时记录由水下摄像头收集到的模拟视频信号并记录到磁带上存储起来，方便以后 V6 采集卡的数字采集，或者留作检查结果的备份存盘；监视器用于检查和录像过程中的监视。检查系统框图见图 9-3。

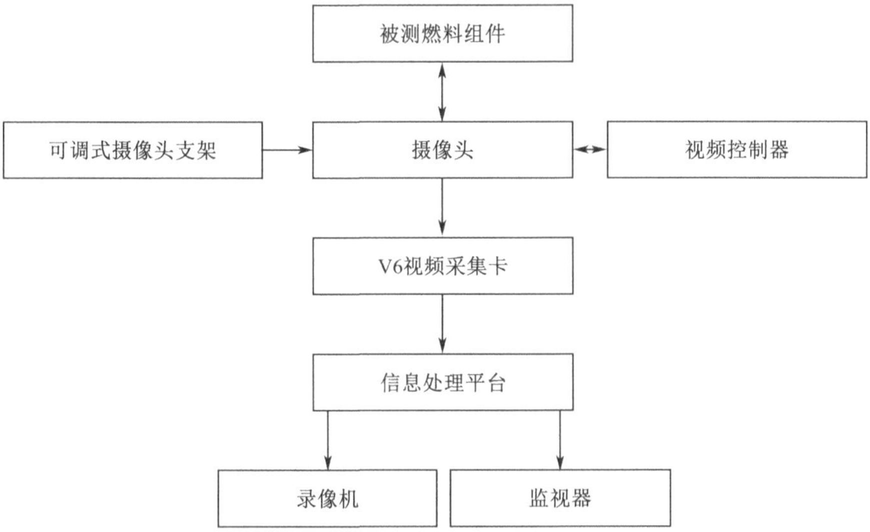

图 9-3 检查系统框图

9.11 相关组件倒换后乏燃料水池实物盘存

(1)在相关组件倒换完成后装料前,须利用耐辐照水下电视摄像系统对乏燃料水池复堆用燃料组件及其相关组件的贮存位置、配插关系、标识、方位等进行摄像核查,以确认相关组件倒换结果符合程序规定。

(2)照相核查要有文字记录和录像记录。

(3)未进行乏燃料水池照相核查,不得进行装料操作。

9.12 装料后堆芯照相核查

(1)堆芯装料结束后,应立即进行堆芯照相核查,以确认堆芯装载符合堆芯装载图规定。核查内容:燃料组件堆芯装载坐标、方位、相关组件配插关系、控制棒位置、燃料组件标识等。

(2)堆芯照相核查结果要有文字记录和录像记录。

(2)只有在堆芯照相核查结果符合堆芯装载图后,才能进行反应堆压力容器扣大盖操作。

第10章　核材料管制

10.1　相关规定

国家对核材料进行管制的目的是保证核材料的安全与合法使用,防止被盗、破坏、丢失、非法转让和非法使用,保护国家和人民群众的安全,促进核能事业的发展。

《中华人民共和国核材料管制条例》(HAF501)明确规定了管制的核材料范围:

铀-235,含铀-235的材料和制品;

铀-233,含铀-233的材料和制品;

钚-239,含钚-239的材料和制品;

氚,含氚的材料和制品。

核材料管制主要分为两部分:核材料衡算和实物保护,与核材料衡算相关的法规和导则主要有:

《中华人民共和国核材料管制条例实施细则》(HAF501/01);

《核动力厂核材料衡算》(HAD501/07);

《核材料许可证申请文件编写导则》(HABD-000/01);

《核材料实物盘存管理导则》(HABD-002/01);

《核材料控制与衡算视察导则》(HABD-002/04);

《核材料调入、调出及内部转移管理导则》(HABD-002/02)。

中核运行拥有的核材料属于二级核材料。秦山第一核电厂、秦山第二核电厂、秦山第三核电厂的实物保护等级为一级。

核材料衡算:为了确定在规定区域内具有的核材料的数量以及在规定时间周期内这些数量所发生的变化而进行的活动。

实物保护:防止非法移动核材料的方法和措施,或当发生非法转移时,为探测该移动所使用的方法和措施。

10.2　组织机构

10.2.1　国家核材料管制机构

国家建立国家核材料管制体系,见图10-1。

10.2.2　秦山核电核材料管制组织机构

10.2.2.1　组织机构图

按照国家相关法规要求,秦山核电设置核材料管制办公室,负责公司核材料管制工作的协调与管理。秦山核电核材料管制组织机构见图10-2。

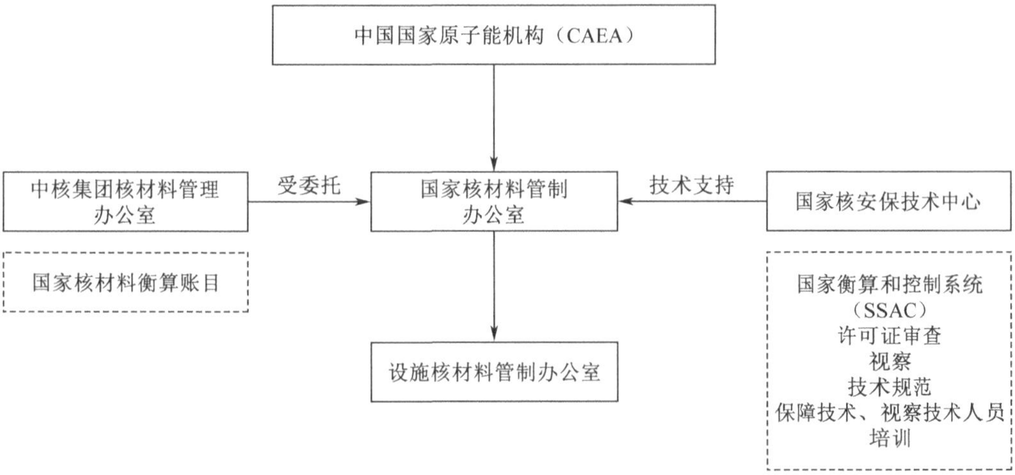

图 10-1　中华人民共和国核材料管制体系

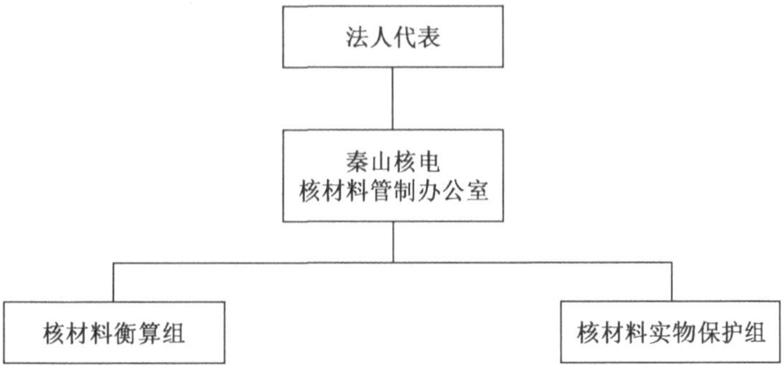

图 10-2　秦山核电核材料管制组织机构

10.2.2.2　秦山核电核材料管制办公室

核材料管制办公室主任受公司法人代表委托，全面负责核材料管制工作，协调各有关部门的管制活动，并定期监督检查执行情况。组织制定与批准核材料衡算管理规章制度、报表及报告。

秦山核电核材料管制办公室下设核材料衡算组和核材料实物保护组。秦山核电核材料管制办公室设主任 1 名，由堆芯燃料处分管领导担任；设副主任 3 名，分别由保卫处处长、堆芯燃料处处长及公司办公室主任担任。

堆芯燃料处负责核材料管制办公室日常事务管理。

秦山核电核材料管制办公室职责：

(1) 负责公司核材料管制相关政策、规范、程序、导则的归口管理；

(2) 负责组织核材料许可证的申请与管理；

(3) 负责与上级部门的接口管理；

(4) 组织实施核材料衡算与控制，负责核材料衡算帐目与报告的批准与报送；

(5) 组织实施核材料实物保护与保密；

(6)负责组织上级部门对核材料管制的检查,组织公司核材料管制自我评估,组织实施相应的整改计划;

(7)一旦发生核材料事故,立即组织追查原因,并及时上报上级主管部门;

(8)负责组织核材料管制相关人员的培训。

核材料衡算组设组长1名,由堆芯燃料处核燃料科负责核材料管制的科长担任,衡算组组员若干名,由堆芯燃料处核材料衡算相关人员担任。

核材料衡算组主要职责:

(1)组织核材料衡算与控制活动的实施;

(2)负责建立账目和报告系统,负责报表和报告的编制及校核工作;

(3)组织核材料实物盘存;

(4)组织电厂现场核燃料管理的核材料管制监督;

(5)组织核材料许可证申请文件核材料衡算部分的编写;

(6)组织上级主管部门对核材料衡算工作的检查与内部检查,组织实施相应的整改计划;

(7)负责核材料衡算工作自查。

10.3 核材料许可证申请及其换证

10.3.1 核材料许可证简介

核材料许可证是民用核设施遵照《中华人民共和国核材料管制条例》要求,履行核材料管制职责,合法持有核材料的资格及凭证。

核材料许可证有效期一般为三年,到期前申请换证,以获得继续持有核材料的资格。

首次申请核材料许可证,需提前六个月向国家原子能机构核材料管制办公室提交核材料许可证申请文件;延续、变更及终止核材料许可证,需提前三个月向国家原子能机构核材料管制办公室提交延续、变更及终止核材料许可证的申请文件。

10.3.2 文件准备

10.3.2.1 首次申请核材料许可证需要提交的申请文件

1. 基本文件

(1)申请核材料许可证的请示;

(2)核材料许可证申请报告;

(3)核材料账目与衡算管理实施计划;

(4)核材料实物保护与保密实施计划。

2. 支持性文件

(1)核材料衡算的支持性文件

①核材料衡算的组织机构及职责分工;

②核材料衡算与控制规程;

③核材料调入、调出及内部转移规程;

④核材料实物盘存规程;

⑤核材料测量系统及测量质量控制规程；
⑥核材料贮存管理制度；
⑦核材料账目与报告系统管理制度；
⑧核材料平衡结算及 MUF 评估规程；
⑨反应堆燃耗分析计算程序及其精度说明；
⑩反应堆热功率和功率分布监测方法及其精度说明。
(2)核材料实物保护与保密的支持性文件
①核材料实物保护的组织机构及职责分工；
②核材料与核设施实物保护大纲；
③核材料实物保护技术防范系统说明；
④核材料实物保护人防系统说明；
⑤核材料实物保护系统的测试与维护说明；
⑥核材料运输实物保护措施；
⑦核材料相关的保密管理措施；
⑧计算机网络安保的控制措施；
⑨核材料突发事件的应急预案；
⑩实物保护规章(规程)汇编；
⑪实物保护系统有效性评估。

10.3.2.2　换证或更改核材料许可证申请需提交的申请文件

1. 基本文件
(1)申请换证或更改核材料许可证的请示；
(2)申请单位的上级主管部门(或主管单位)审核意见；
(3)换证或更改核材料许可证申请报告；
(4)核材料账目与衡算管理实施计划；
(5)核材料实物保护与保密实施计划。
2. 支持性文件
(1)本持证周期内新制定的核材料管制工作规章制度；
(2)核材料与核设施的变更情况说明(核材料与核设施的情况发生变更时需提交)；
(3)本持证周期内核材料管制工作实施情况总结报告。

10.3.2.3　申请终止核材料许可证需提交的申请文件

(1)申请终止核材料许可证的请示；
(2)申请单位上级主管部门(或主管单位)审核意见；
(3)终止核材料许可证申请报告；
(4)本持证周期内核材料管制情况工作实施情况总结报告。

10.3.3　现场审查

在电厂提出申请后,国家核材料管制办公室组织专家对电厂现场进行核材料管制审查。审查重点包括核材料衡算管理和核材料实物保护两方面内容,主要是对申请文件所涉及的核材料管制工作的现场审查验证。

10.4 核材料衡算管理

10.4.1 核材料衡算的目的及定义

10.4.1.1 核材料衡算的目的

核材料衡算是核材料管制的主要措施,是保证核材料的合法使用,探知核材料的被盗、破坏和丢失等非法转用和使用的重要依据。

10.4.1.2 核材料衡算的定义

核材料衡算是指为了确定在规定区域内具有的核材料的数量以及在规定的时间周期内这些数量所发生的变化而进行的活动。

10.4.2 核材料衡算管理内容

10.4.2.1 建立本设施核材料平衡区及关键测量点

1. 平衡区的定义及划分准则

平衡区是一个含有核材料的实物识别区域。设置平衡区的目的是便于核材料的衡算与核查。划分平衡区的准则是便于分隔与监视,便于核查,尽量减少提交报告的数目。

2. 关键测量点

关键测量点(KMP)是一个位置点,该点的核材料形式要便于测量,从而确定核材料流量或存量。关键测量点分为物料流动关键测量点和实物盘存关键测量点。物料流动关键测量点以燃料接收、核消耗和核产生、乏燃料发送表示,实物盘存关键测量点是以新燃料贮存格架、反应堆、乏燃料贮存水池表示。

10.4.2.2 建立并维护一个可追溯的记录和报告系统

所有核材料衡算工作都是依据记录产生衡算报告。记录与报告系统要求能提供充分的数据来确定本设施所持有核材料的位置、性质与数量,以及每个平衡区内的材料平衡结算,为核材料衡算管理、核查、评价提供所需要的一切信息和数据。

10.4.2.3 核材料衡算管理记录

1. 衡算记录

衡算记录要求能够准确地反映出本设施核材料的存量及其存量的变化,并且还要求衡算记录的准确性和完整性是能够核查的。衡算记录由总账、分账、燃料组件历史卡、存量变化文件等文件组成。

2. 运行记录

运行数据是由本设施系统和运行过程中产生的有关核材料衡算数据的文件。具体地说是由核材料测量系统、测量的质量控制和实物盘存过程中产生的数据文件组成。运行记录如下:

(1)确定核材料数量和组成变化的运行数据,如燃料组件交接记录、移动记录、实物盘存记录等;

(2)原始数据记录,包括燃料组件供货商来的文件,如燃料组件装箱单、核材料平衡报告、核材料统计表及软盘;

(3)堆芯运行记录:运行数据及堆芯测量的有关数据。

10.4.2.4 核材料衡算报告

国家对核材料实施管制,核材料持有单位要按照规定向国家原子能机构核材料管制办公室提交报告。报告类型包括专项报告、变更报告、事件报告和核材料衡算统计报表。专项报告分为年度执行计划、年度总结报告、整改计划和整改落实情况报告。当现场核材料发生重大变化时,如设施设计资料有重大变化,必须向国家原子能机构核材料管制办公室提交变更报告。持证单位发生核材料丢失、被盗、被破坏、非法转让和非法使用事件时,应向国家原子能机构核材料管制办公室进行事件报告并提交事件处理报告。核材料衡算统计报表一般每季度提交。

10.4.3 建立一个测量控制程序

核材料衡算测量系统提供有关核材料收发、库存、损失及材料平衡情况的准确数据,进行误差分析并做出可靠性评价,因此要求测量系统完整可靠,测量的准确性要达到规定要求。为保证测量的质量,要求测量方法和测量程序形成书面文件,测量人员必须经培训且为考核合格者。

动力堆中需要衡算测量的燃料组件有两种:新燃料组件和已辐照的燃料组件。而已辐照的燃料组件又包括堆芯中的燃料组件和贮存在乏燃料水池中的燃料组件。核材料衡算的测量方法一般是通过燃料组件的计件(点数),签订燃料组件的标识号,计算燃料组件中的铀、钚含量和它们的同位素的组成来进行的。

1. 新燃料组件的测量

在大多数情况下,新燃料组件进厂后,通常采用计件(点数)测量。

2. 乏燃料组件的测量

确定乏燃料组件的含量只能依靠燃料组件的最初含量和在裂变过程中的消耗和产生量来推算。核材料消耗和产生的计算采用专门的计算程序进行计算。

3. 堆内燃料组件的测量

堆内燃料组件测量的目的是确定堆内燃料组件中可裂变燃料的消耗和产生量。反应堆在运行期间,堆内燃料组件的辐照情况是通过功率分布测量系统进行监测和记录,然后通过计算机程序加以推算的。

10.4.4 进行核材料平衡结算并评估 MUF

平衡周期末的核材料账面存量和实物存量之间的差值称为不明材料量(不平衡差),简称 MUF(material unaccounted for)。MUF 值是对设施核材料衡算与控制性能的测量,是对设施核材料衡算进行定量评估的关键指标。其计算公式如下:

不平衡差(MUF)=期初存量+调入量-期末存量-调出量-已知损失量

当 MUF 值大于其标准误差的 2 倍时,认为材料未达到闭合平衡。

核动力厂为件料设施,以核实组件数量和标识号进行衡算管理,其不明材料量应为零。

10.4.5 进行定期的实物盘存

1. 实物盘存的基本原则

(1)实物盘存以材料平衡区为基础,按材料的种类及物理、化学形态进行分类盘存;

(2)盘存期间停止一切核材料的流动,保证核材料处理、转移与记录及报告的截止时间的一致性，确保核材料无重盘、漏盘、重记和漏记；

（3）盘存的每一物项的核材料量必须是实际测量值。

2. 实物盘存频度

（1）每台机组每年至少进行一次全面的实物盘存；

（2）压水堆实物盘存一般安排在机组换料大修期间进行；

（3）重水堆实物盘存一般安排在年末进行。

3. 实物盘存准备

（1）建立盘存组织，确定盘存人员，明确盘存职责和要求；

（2）依据盘存程序确定盘存步骤、任务和起止时间；

（3）准备盘存所需程序和文件；

（4）安装、调试水下盘存设备。

4. 实物盘存实施

在实物盘存监督人员监督下，一人根据实物盘存路径图和燃料组件贮存布置图逐一读出燃料组件标识号，另一人复述该燃料组件标识号进行确认，同时在燃料组件贮存布置图上该燃料组件贮存位置处圈杠再次确认。

如果确认盘存结果与燃料组件贮存布置图不符，应立即向电厂核材料管制办公室报告。

5. 实物盘存报告编写

在实物盘存结束后，5 日内，由实物盘存组长负责编制完成《实物盘存报告》，并负责分发和存档。

《实物盘存报告》应包含盘存清单和相应平衡区的关键测量点布置图。

第 11 章　核燃料管理软件介绍

核燃料管理软件对核燃料组件在核电站范围内进行全方位管理。从核燃料组件接收进入核电站，到作为乏燃料发运出核电站，系统对核燃料组件的管理深入到位置移动、检查修复、装料卸料、燃耗产生等每个细节。

机组大修换料是核燃料管理软件的核心业务模块，本模块的功能在核燃料组件管理及反应堆换料中发挥重大作用。电厂换料组件移动步序是否合理，将直接影响到堆芯换料的安全性及堆芯停堆时间。

系统依据新循环堆芯装载图、各燃料厂房当前的组件装载情况、新燃料组件的接收情况以及电站的换料规则，采用手工加自动的方式，生成堆芯换料所需的所有燃料组件及相关组件移动顺序表，并通过报表打印模块打印出纸质报表，供换料现场使用。

此部分的解决方案包括 3 个阶段：换料前期准备、制订换料计划及实施，以及一个特殊情况：紧急卸料。系统还提供对大修换料整体进度的监督查询功能。核燃料组件管理信息系统界面见图 11-1。

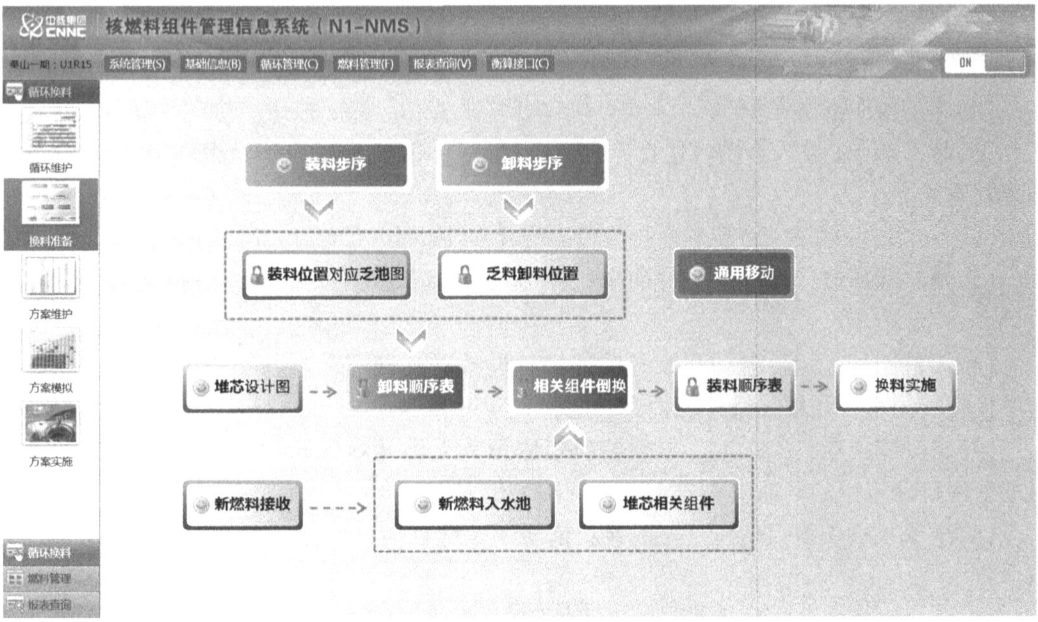

图 11-1　核燃料组件管理信息系统界面

11.1　新燃料接收

功能描述：新燃料接收维护。新燃料接收界面见图 11-2。

操作流程：

(1) 增加组件接收批次。在组件接收批次信息里，点击[增加]按钮，增加一个组件的接收批次，然后增加接收的组件的信息。

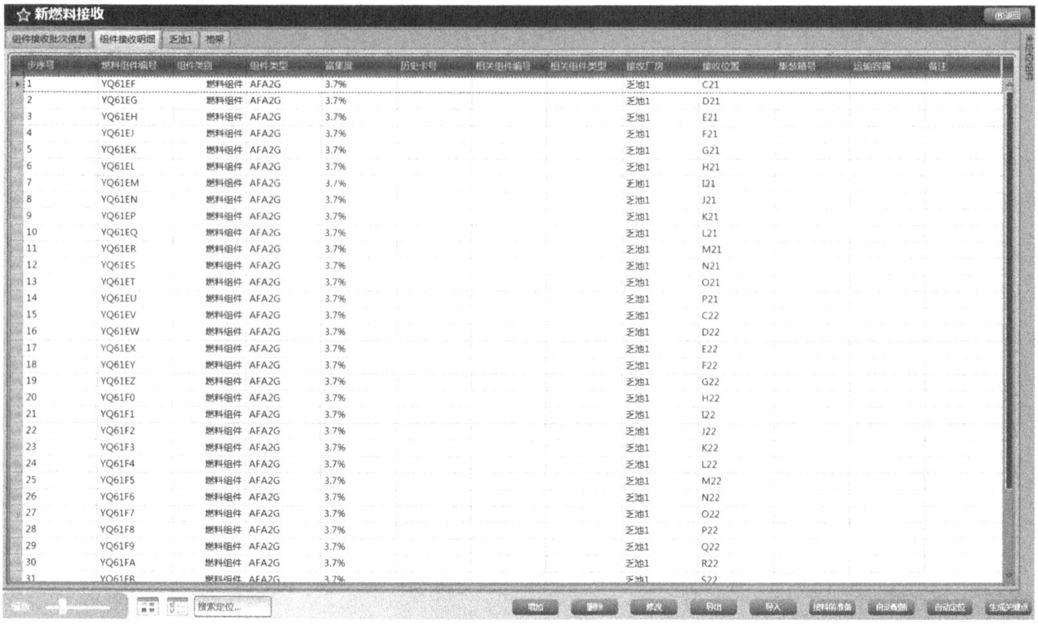

图 11-2　新燃料接收界面

(2)增加组件接收明细信息。在组件接收明细里，点击[增加]按钮，增加一个组件信息。

(3)从 Excel 中导入新燃料信息。在新燃料接收 Excel 模板中编辑组件接收信息，然后导入到系统。

(4)导出列表数据。将新燃料接收信息导出到 Excel 中。

(5)燃料预接收。以导入文件的形式单独接收组件和相关组件而不指定它们的接收位置。

(6)组件与相关组件自动配插。根据堆芯设计图和确定入堆的相关组件，将接料前准备中接收到的组件和相关组件配插到一起。

(7)自动定位组件到乏池。根据装料步序图和乏池装料位置信息，将自动配插后无位置的组件自动定位到乏池中事先定义好的装料位置上。

(8)生成接料关键点信息。生成接料前后的关键点信息。

11.2　新燃料入水池

功能描述：新燃料从干贮存间/格架移动到乏燃料水池的操作。新燃料入水池界面见图 11-3。

操作流程：

(1)生成组件入水池步序。直接拖动组件到指定位置，即可生成该组件的入水池步序。

(2)自动入水池。根据装料步序图和乏池装料位置信息，将组件从干贮存间/格架自动定位到乏池的装料位置上。

(3)生成入水池的关键点信息。生成新燃料入水池前后的关键点信息。

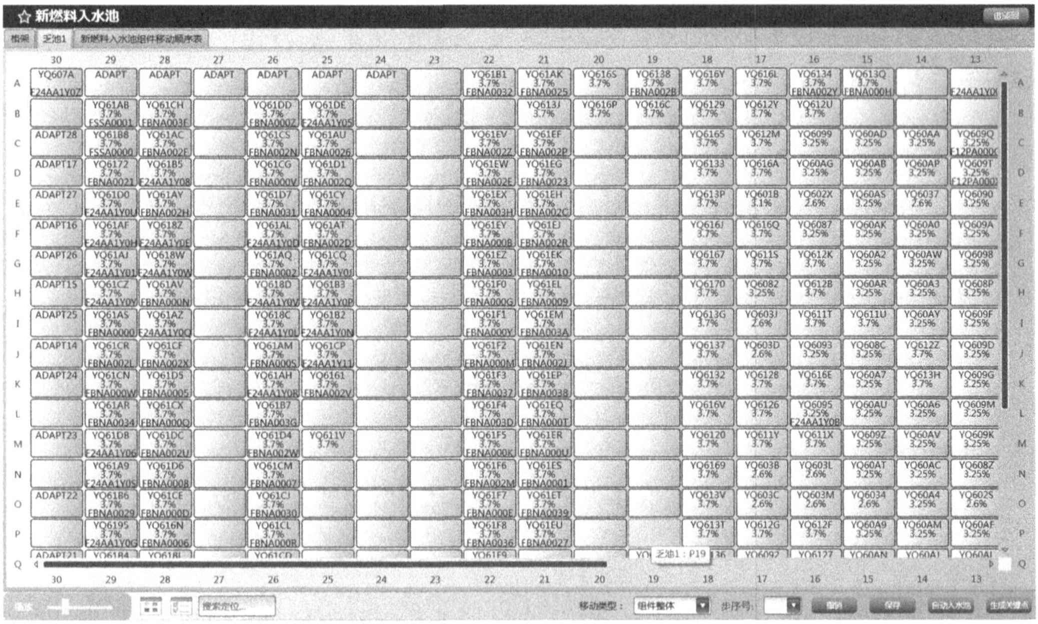

图 11-3 新燃料入水池界面

11.3 堆芯设计图

功能描述:设计堆芯装载,堆芯设计图界面见图 11-4。

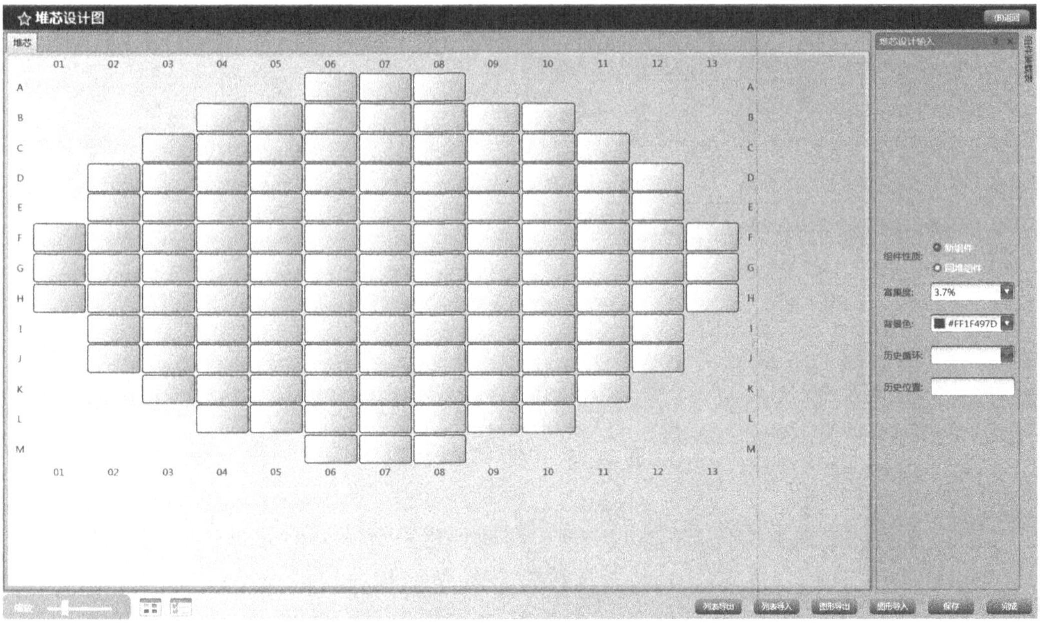

图 11-4 堆芯设计图界面

操作流程：

(1)定义堆芯某位置上的组件信息。选定组件性质、富集度、背景色、历史循环、位置等信息，然后点击图形界面即可。

(2)从 Excel 中导入堆芯设计图信息。导入特定格式的燃料组件列表或图形。导入的 Excel 有列表和图形两种方式。

(3)导出堆芯设计图信息。将设计好的堆芯装载图导出到 Excel 中，提供列表和图形导出两种形式。

(4)完成堆芯设计功能。定义完成后，点击[完成]，结束堆芯装载图编辑。

11.4 堆芯相关组件

功能描述：

堆芯相关组件分布图描述了堆芯各坐标的控制棒代码、相关组件分布，以及要入堆的相关组件。

操作流程：

(1)定义控制棒位图(图 11-5)。定义控制棒所在位置的控制棒代码，通过下拉列表选择。

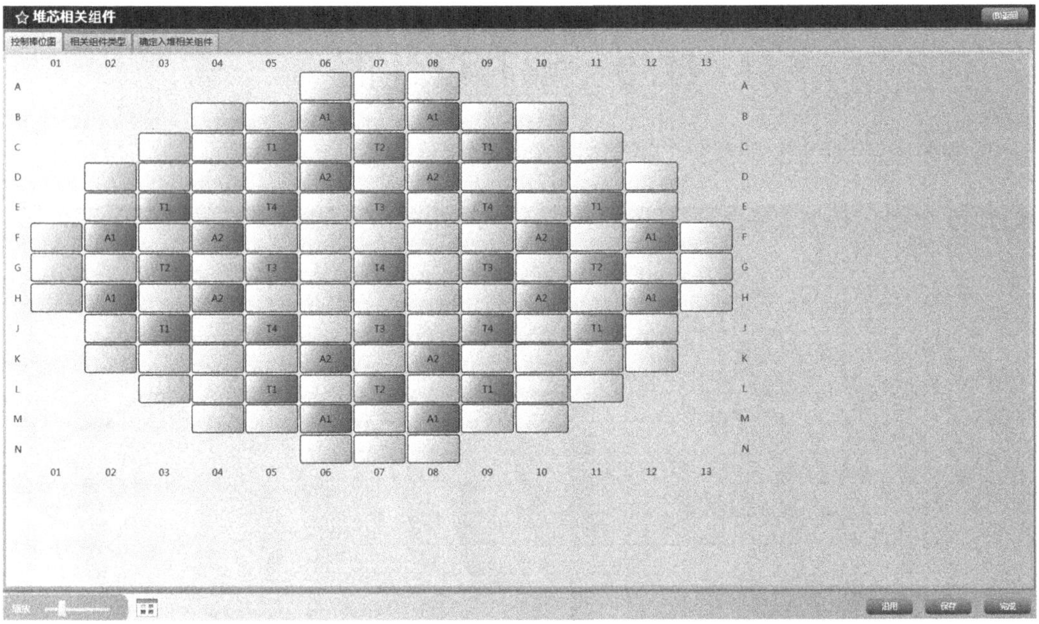

图 11-5　控制棒位界面

(2)定义相关组件类型分布(图 11-6)。切换到相关组件类型分布界面，在右侧工具栏中选择组件类型，然后在堆芯图中点击直接定义各坐标相关组件类型；也可以通过沿用的方式选择之前的某个循环，沿用该循环设计好的相关组件分布图，点击[沿用]按钮即可选择。

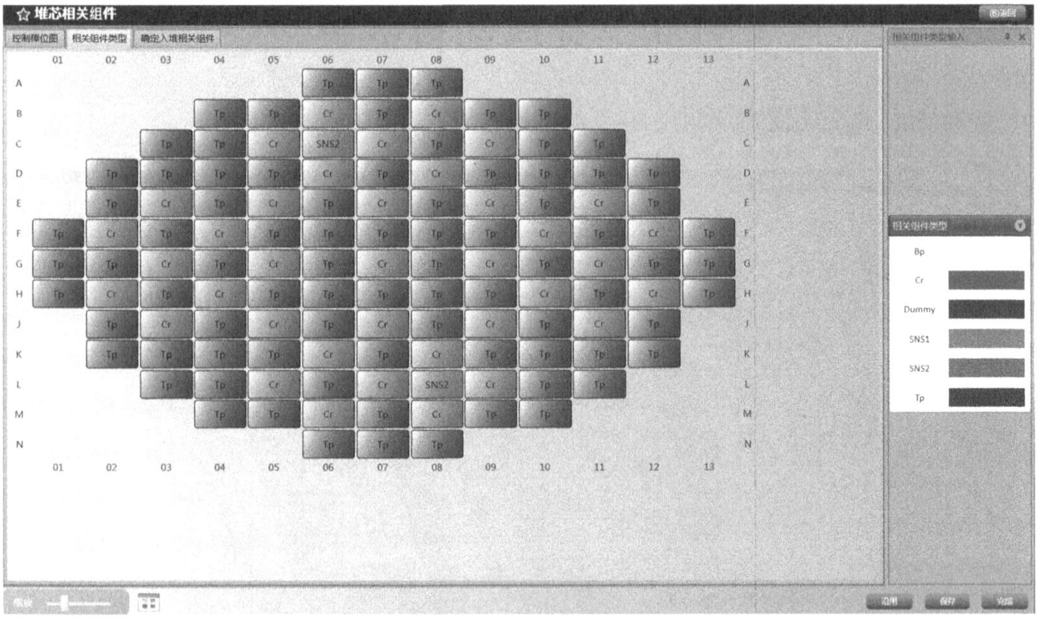

图 11-6 相关组件类型布置界面

(3)选择要入堆的相关组件。在确定入堆相关组件界面,选择相关组件,点击[→]按钮,即可换出相关组件;点击[←]按钮,即可换入相关组件。最终达到新堆芯应装载数量和已装载数量相等即可。

(4)完成堆芯相关组件设计功能。点击[完成]按钮,系统自动生成堆芯相关组件分布图。

11.5 卸料步序

功能描述:定义卸料顺序。

操作方式:

(1)定义非堆内移动卸料步序。根据卸料顺序点击堆芯图中坐标,即可生成卸料步序。

(2)定义堆内移动卸料步序。先点击堆内移动目的坐标,再点击堆内移动起始坐标,即可生成一步卸料堆内移动。

(3)沿用之前循环的卸料步序。点击[沿用]按钮,通过选择之前的某个循环,可以沿用该循环的卸料步序图。

(4)导入、导出卸料步序。系统可导入、导出固定格式的卸料步序信息。

(5)保存当前设计。点击[保存]按钮,系统保存堆芯卸料步序。

(6)撤销卸料步序。用户通过下拉列表选择撤销的目的顺序号,点击[撤销]按钮,系统将卸料步序撤销到所选顺序号。

(6)完成卸料步序功能。点击[完成]按钮,完成卸料步序定义。

11.6　乏料卸料位置

功能描述:指定乏池中,从堆芯卸下的乏料的位置(图 11-7)。

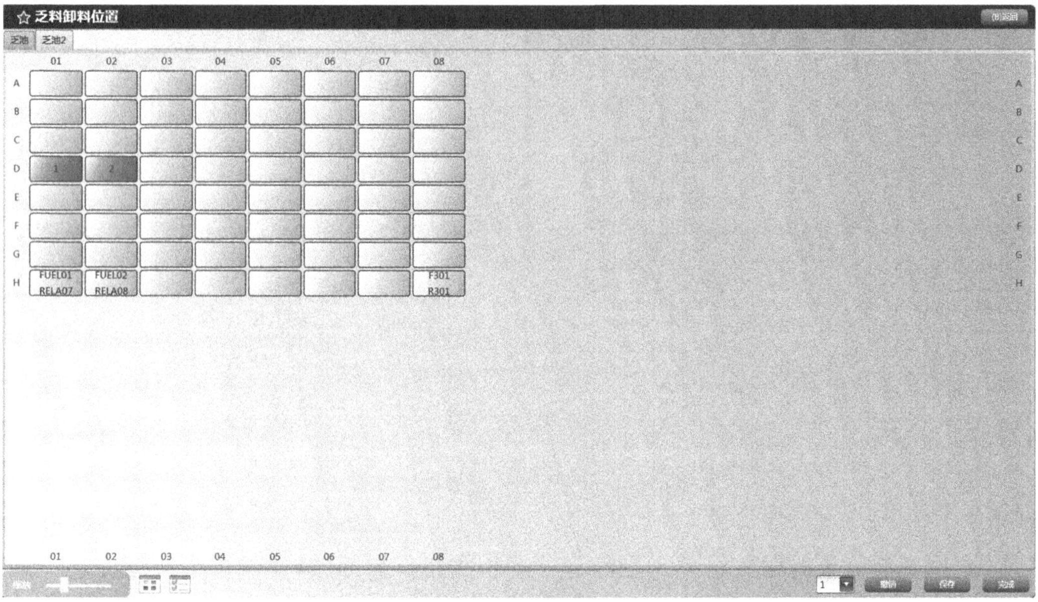

图 11-7　乏池界面

操作流程:

(1)定义卸料位置。选中乏池坐标即乏料卸料的位置。

(2)撤销选择。用户可将所选定位撤销。

(3)保存当前的信息。点击[保存]按钮,系统保存水池定位信息。

(4)完成定义卸料位置功能。点击[完成]按钮,完成乏料卸料位置确定。

11.7　装 料 步 序

功能描述:定义装料顺序(图 11-8)。

操作流程:

(1)定义非堆内移动装料步序。根据装料顺序点击堆芯图中坐标,即可生成装料步序。

(2)定义堆内移动装料步序。先点击堆芯起始装料坐标,再点击堆芯终点装料坐标,即可生成装料堆内移动步序。

(3)沿用之前循环的装料步序。点击[沿用]按钮,通过选择之前的某个循环,可以沿用该循环的装料步序图。

(4)导入、导出循环步序。系统可导入、导出固定格式的装料模式信息。

(5)保存当前装料步序信息。点击[保存]按钮,系统保存堆芯装料步序。

(6)撤销装料步序信息。用户通过下拉列表选择撤销的目的顺序号,点击[撤销]按钮,系统将装料步序撤销到所选顺序号。

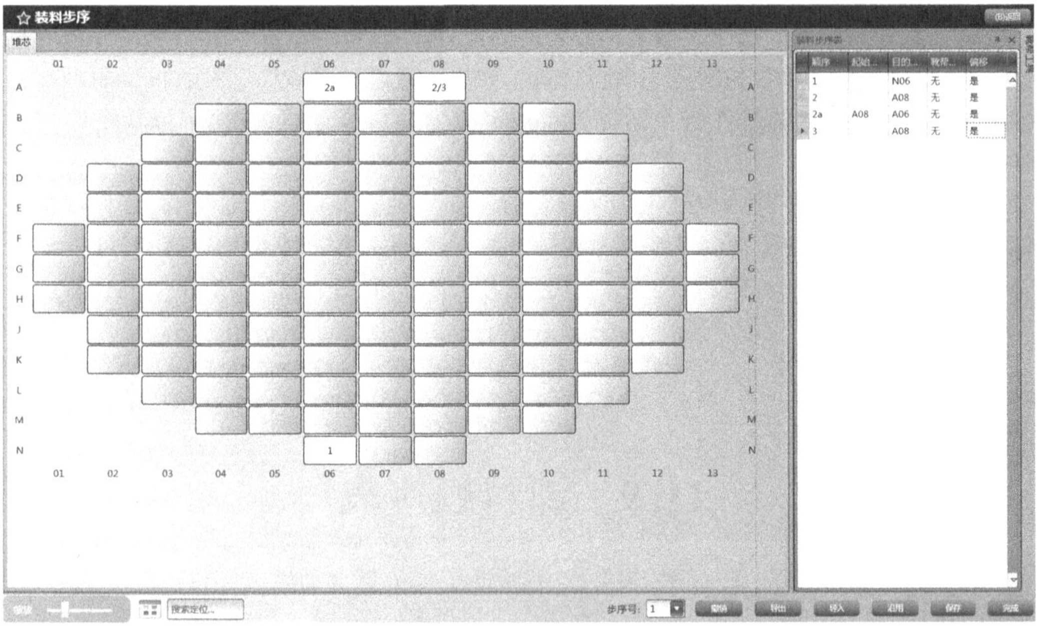

图 11-8　装料步序界面

(7)完成装料步序定义。点击[完成]按钮,完成装料步序定义。

11.8　装料位置对应乏池图

功能描述:指定乏池中的位置,该位置上的组件将装到堆芯中(图 11-9)。

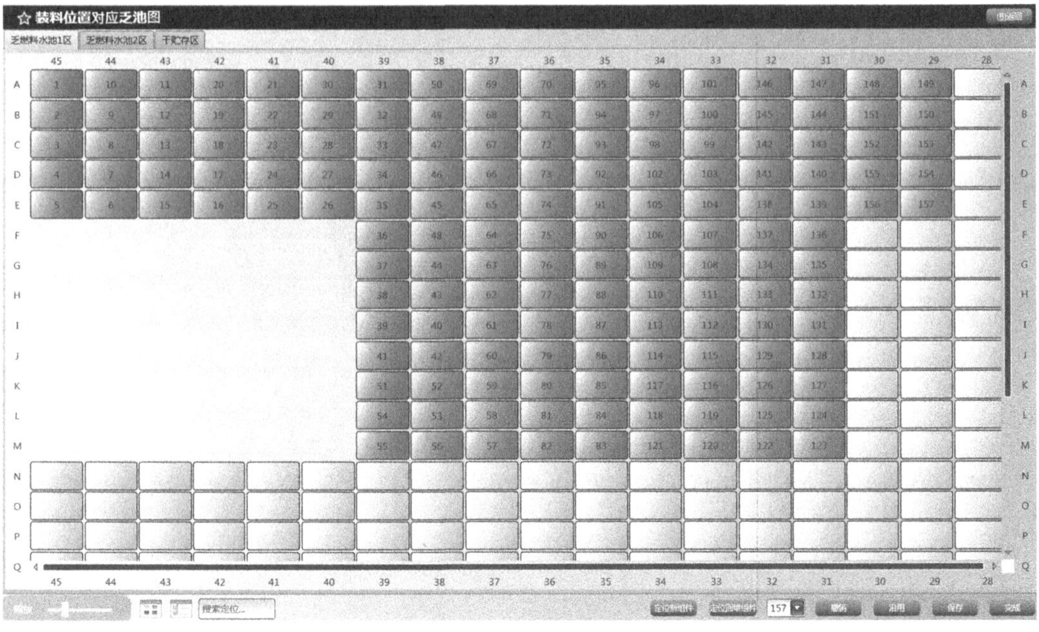

图 11-9　装料位置对应乏池图

操作流程：

（1）定义装料位置。选中乏池坐标即装料的位置。

（2）定位新组件，将该位置定为装料位置。如果在新燃料接收时，将组件已经接收到了乏池中，那么满足要求的组件所在的位置将被定位为装料位置。点击[定位新组件]按钮即可。

（3）定位回堆组件，将该位置定为装料位置。如果堆芯装载图设计中，存在回堆组件，那么相应的组件所在的位置会被定位为装料位置。点击[定位回堆组件]按钮即可。

（4）沿用上循环定义的装料位置。点击[沿用]按钮，沿用上循环定义的装料位置。

（5）撤销所选装料位置。用户可通过[撤销]按钮，将所选定位撤销。

（6）保存装料位置信息。点击[保存]按钮，系统保存水池定位信息。

（7）完成装料位置信息定义。点击[完成]按钮，完成乏料卸料位置确定。

11.9 卸料顺序表

功能描述：根据旧堆芯装载图、卸料步序、水池定位信息自动生成卸料组件移动顺序表（图 11-10）。

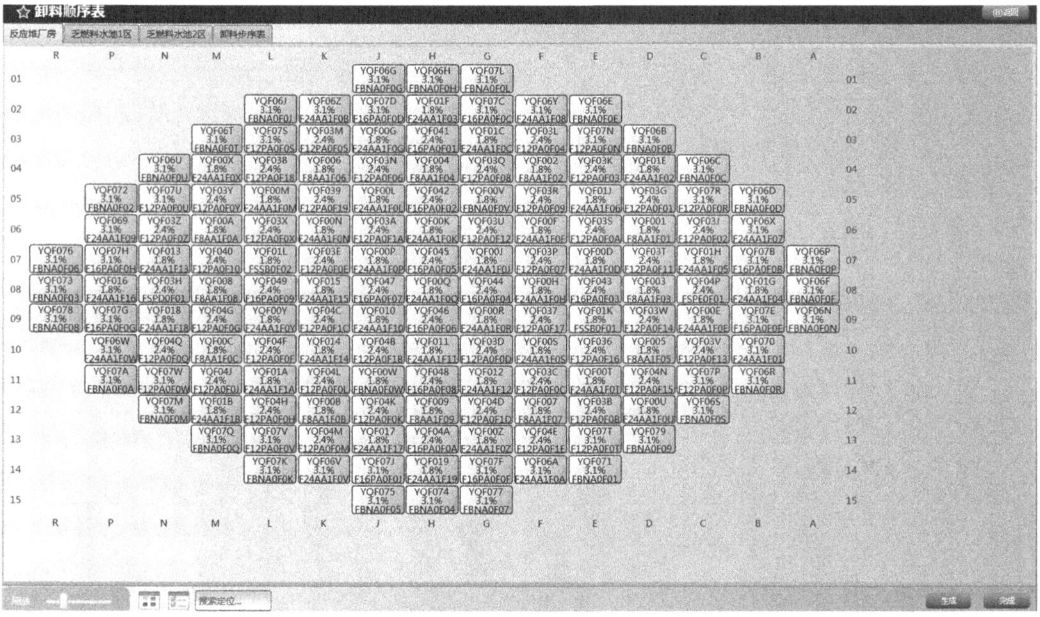

图 11-10 卸料步序图

操作流程：

生成卸料步序。点击[生成]按钮，即可自动生成卸料顺序表，点击[完成]按钮结束本节点。

11.10 相关组件倒换

功能描述:对组件上的相关组件进行倒换,使之满足堆芯相关组件分布图的设计(图 11-11)。

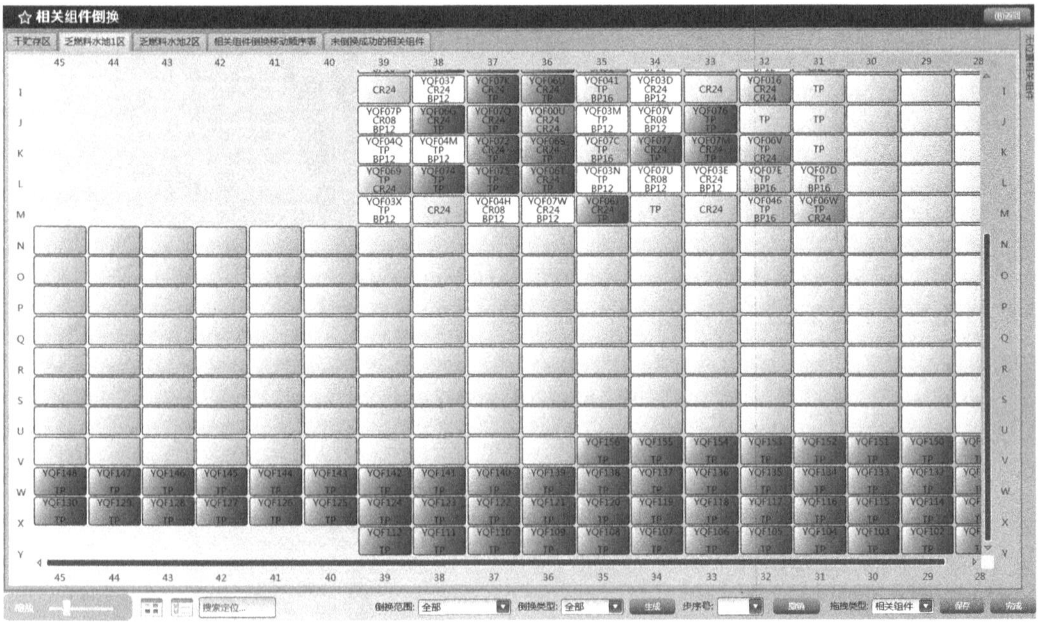

图 11-11 相关组件倒换图

操作流程:

(1)相关组件自动倒换。系统按照特定顺序自动生成倒换顺序表,顺序为:阻流塞→控制棒→中子源→没倒完的阻流塞,点击[生成]按钮,系统自动倒换。

(2)手工倒换相关组件。手工拖拽相关组件,系统生成相应倒换步序。

(3)撤销相关组件倒换步序。下拉列表中选择撤销的目的步序号,点击[撤销]按钮,系统撤销目的步序号之后的倒换步序。

(4)保存相关组件倒换步序。点击[保存]按钮即可保存倒换步序。

(5)完成相关组件倒换功能。点击[完成]按钮,完成本功能,开启下一节点。

11.11 装料顺序表

功能描述:系统根据装料步序、新循环堆芯装载图、水池布置图自动生成装料顺序表(图 11-12)。

操作流程:

生成装料步序。点击[生成]按钮,系统自动生成装料顺序表。点击[完成]按钮,则保存并进入下一个节点。

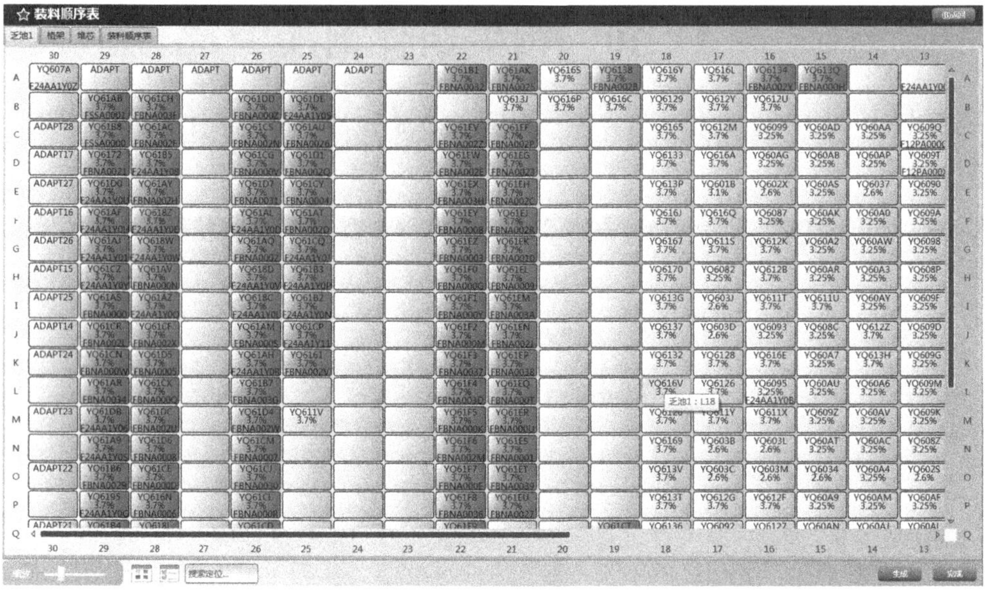

图 11-12　装料顺序表

11.12　通 用 移 动

功能描述：

燃料组件或相关组件转移，包括厂房内部转移、机组内部厂房间转移。用户可在厂房图中拖拽组件，系统自动生成组件转移表，并可打印相应报表(图 11-13)。

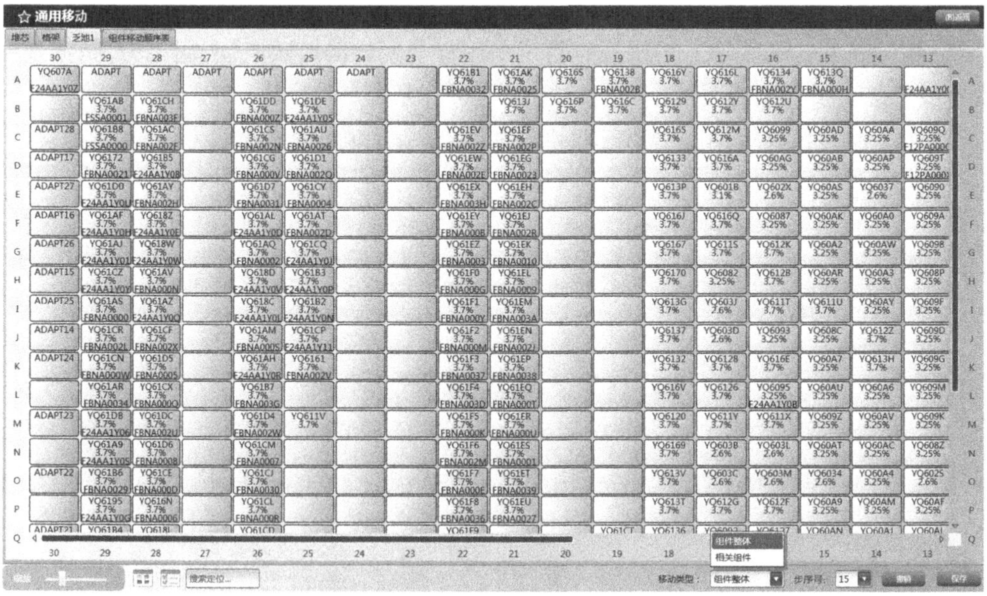

图 11-13　通用移动流程界面图

操作流程:

(1)转移整体组件。在某个厂房模拟图中左键点击某个方格,这时方格呈透明状态,把鼠标移动到其他厂房,选择某一个位置,点击鼠标左键即可将组件放到该位置并生成组件通用移动步序。

(2)转移相关组件。操作类型选择[相关组件]按钮,只转移相关组件,操作同上。

11.13 换料实施

功能描述:实施计划步序(图 11-14)。

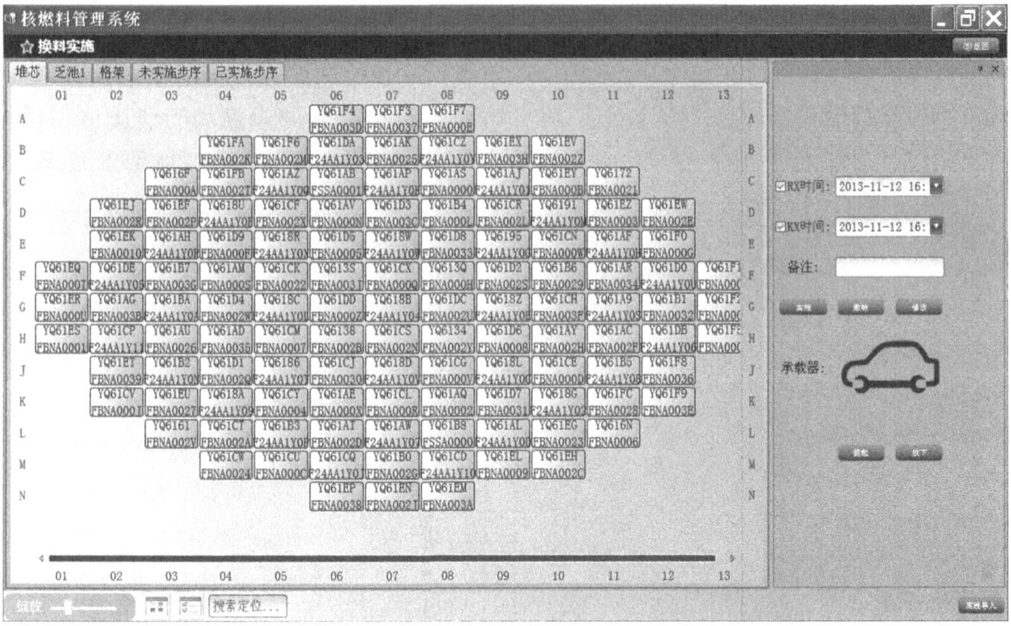

图 11-14 换料实施界面图

操作流程:

(1)实施步序。用户选择实际移动的步序,录入该步序实际移动时间,点击[实施]按钮该步序由计划状态变为实施完成状态。

(2)撤销步序实施状态。对已实施的步序进行撤销操作,将其置为未实施状态。

(3)步序由计划变为在途中。点击[提起]按钮,将选中步序所执行的操作的状态由计划变为在途中状态。

(4)步序由在途中变为实施。点击[放下]按钮,将提起操作的步序由在途中状态变为实施完成状态。

(5)修改步序备注信息。录入备注信息,点击[修改]按钮即可编辑选中步序的备注。

第 12 章　核燃料操作设备和贮存系统简介

12. 1　30 万机组核燃料操作设备和贮存系统简介

12. 1. 1　新燃料贮存间

新燃料采用干法贮存，所设计的格架能贮存 48 个燃料组件。

每个格架由不锈钢结构的独立的垂直框格组成。12 个框格为一组，排成两行，中心间距为 500 mm，组装在支承构件上，支承构件再用螺栓或焊接与贮存坑混凝土墙的预埋件相连固。燃料组件放在水平的支承板上。所有与燃料组件接触的表面均为奥氏体不锈钢。这种格架设计得能经受正常的操作载荷与设计基准地震载荷。新燃料格架安装图见图 12-1，新燃料贮存间示意图见图 12-2。

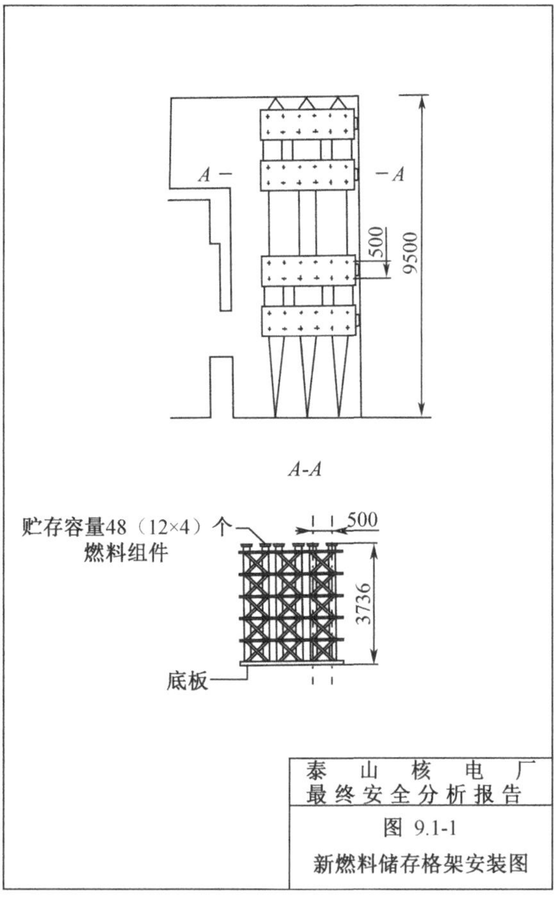

图 12-1　新燃料格架安装图

图 12-2 新燃料贮存间示意图

12.1.2 乏燃料贮存

12.1.2.1 设计基准

乏燃料贮存水池可以容纳包括破损燃料组件在内的 1 026 个燃料组件。在正常的温度条件和任何非正常与事故情况下，对于存满乏燃料的贮存格架，其所贮存燃料之间的中心距，足以使中子有效增值系数(Keff)保证不大于 0.95，此设计基准适合于最高浓度为 3.4 w/o ^{235}U 的新燃料，恒定水温为 20 ℃，不计及燃料组件中的中子毒物和池水中的可溶性中子毒物，也不计及除了不锈钢框架以外的结构材料。

乏燃料格架的设计，能使乏燃料得到充分的冷却。乏燃料格架为抗震 I 级设备，其设计能够经受安全停堆地震的影响，并保持其功能和维持在次临界状态。

乏燃料贮存架能承受跌落组件的冲击力，也能承受提升组件时发生挂住现象的向上提升力而不失却其功能。

乏燃料贮存区域的屏蔽足以保护操作人员使其所受的辐照剂量低于合理的可接受的程度。

12.1.2.2 设施介绍

乏燃料贮存格架由厚度为 2.5 mm 的 1 Cr18Ni9Ti 奥氏体不锈钢的角钢组成，以 250 mm 的中心距放置在基板上，顶部为扩口形，以便乏燃料组件的贮存和取出并与燃料操作设备相适应。格架的排列最大程度地利用了水池的有效贮存空间。格架的结构焊接在水平的基础板上，基础板是一个箱形的刚性结构，用以承受燃料组件的重量并把载荷传递给水池底板。基础板在每一燃料组件贮存位置都有一个开孔，此外与燃料组件下管座相适应，池水在贮存格架之间自然向下流动并通过每个组件的下管座向上循环，带走衰变热。贮存格架的框架为 15×15 排列形式的燃料组件提供侧向支承。乏燃料贮存格架图见图 12-3。

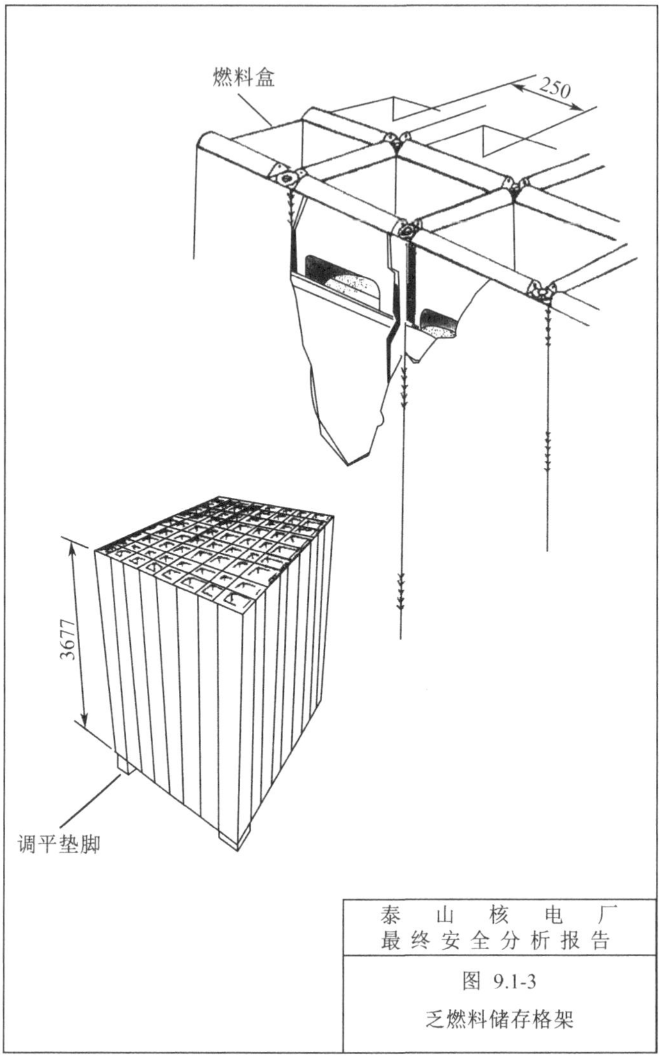

图 12-3 乏燃料贮存格架图

乏燃料贮存水池是为乏燃料组件和控制棒组件从反应堆中移出后作水下贮存而设计的。水池深度应确保当燃料组件在贮存格架的上方移动时，水池表面的剂量率约为 2.5 mrem/h，水池的设计容量为 1 026 个组件。

乏燃料组件用挂在高架单轨电动葫芦上的燃料操作工具进行操作，操作人员站在跨架于水池上的可移动桥架上。乏燃料贮存水池和运输通道都采用钢筋混凝土结构，用不锈钢作覆面。

12.2 M310 机组核燃料操作设备和贮存系统简介

PMC 系统可进行新燃料组件和相关组件运抵燃料厂房直至乏燃料组件和乏相关组件装入发送容器内发送出燃料厂房的全过程的整个装卸、贮存和转运等工作。

在 KX 厂房主要完成：

(1)新燃料组件和新相关组件运抵电站现场的装卸;

(2)新燃料运输容器的开箱;

(3)新燃料组件和新相关组件的到货检查;

(4)新燃料组件的干式贮存和湿式贮存;

(5)新燃料组件在两台机组的燃料厂房之间的转运;

(6)已辐照燃料组件的水下电视检查;

(7)已辐照燃料组件的离线啜吸检查;

(8)已辐照燃料(已辐照燃料组件和相关组件)和乏燃料(乏燃料组件和相关组件)的贮存;

(9)乏燃料(乏燃料组件和相关组件)装入发送容器及发送容器的清洗去污等。

在 RX 厂房主要完成:

堆芯装料、卸料和燃料运输过程,已辐照燃料组件的在线啜吸检查。

12.2.1 PMC 系统的空间工艺布置与主要设备

12.2.1.1 PMC 系统的空间工艺布置

1. PMC 系统空间工艺布置:

M310 压水堆机组的 KX 厂房布置在安全壳之外。PMC 系统的设备集中在 KX 厂房和 RX 厂房。

2. PMC 系统空间工艺布置的特点:

KX 厂房具有多层次、多间隔、多区域、核使用、多重保护的空间工艺布置特点。

KX 厂房是一座多层的间隔式建筑物,不同层次的高度的间距是不等的,是根据核燃料存放、升降、传输和机械设备安装尺寸的需要而建造的(图 12-4)。各层次的高度以标高表示。

与 PMC 系统相关的 KX、RX 厂房特征性标高如下:

(1)0.00 m:KX 厂房地面,20 t 平板车将核燃料集装箱从 KX 厂房外运入 KX 厂房 0.00 m 的吊装口;

(2)7.00 m:RX 水池底平面;

(3)7.50 m:KX 水池的底平面;

(4)7.66 m:KX 水池中贮存的燃料组件的底部位置;

(5)8.125 m:KX 厂房和 RX 厂房之间燃料传输通道管的轴心线标高;

(6)10.73 m:反应堆压力容器的法兰结合面标高;

(7)11.762 m:KX 水池中贮存的燃料组件的上部位置;

(8)14.00 m:新燃料检查区地面;

(9)14.25 m:新燃料开箱间地面;

(10)15.50 m:新燃料干式贮存区的新燃料贮存格架底部;

(11)19.208 3 m:反应堆压力容器内燃料组件底部的标高;

(12)19.50 m:KX 水池水面(也是大修换料时 RX 水池水面);

(13)20.00 m:操作平台。

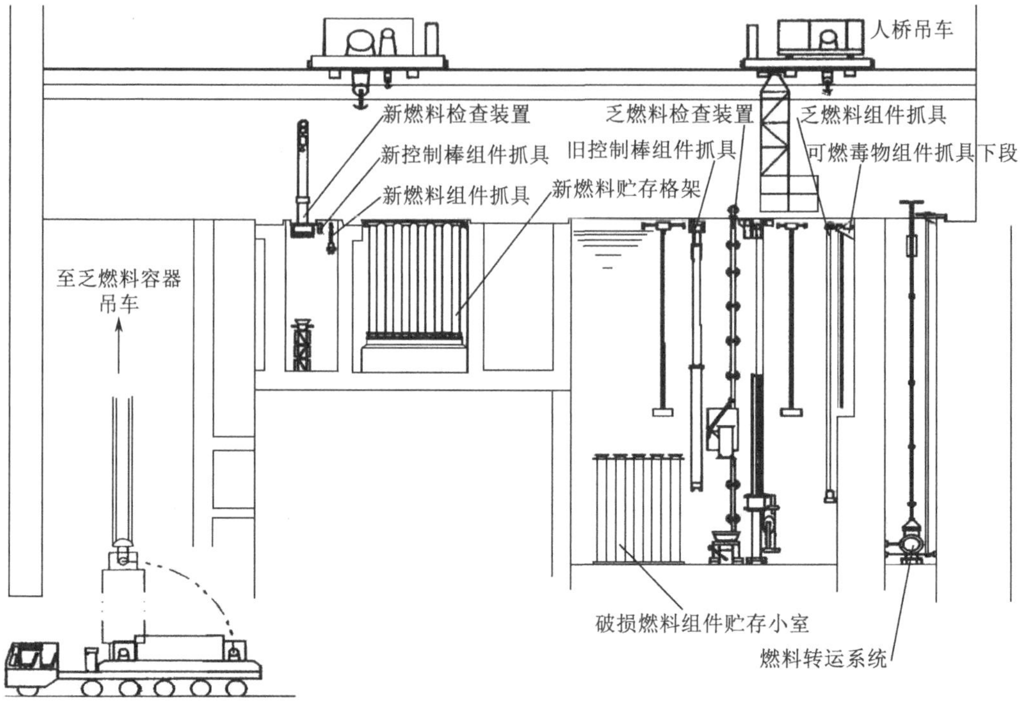

图 12-4　燃料厂房剖面图

12.2.1.2　PMC 系统的主要设备

1. 布置在 KX 厂房的主要设备(图 12-5)

- 乏燃料容器吊车(130 t);
- 开箱间电动葫芦;
- 辅助吊车(简称辅吊);
- 人桥吊车;
- 新燃料检查装置;
- 新燃料升降机;
- 新燃料贮存格架;
- 已辐照燃料或乏燃料贮存格架;
- 已辐照燃料检查装置;
- 离线啜吸检测系统(off-line sipping test system);
- 燃料传输系统(包括倾翻机);
- 燃料操作专用工具;
- 供电及水下照明系统。

2. RX 厂房的主要设备 (图 12-6)

- 装卸料机;
- 燃料传输系统(包括倾翻机);
- 在线啜吸检测装置(On-line sipping test system,安装在装卸料机上);
- 供电及水下照明系统。

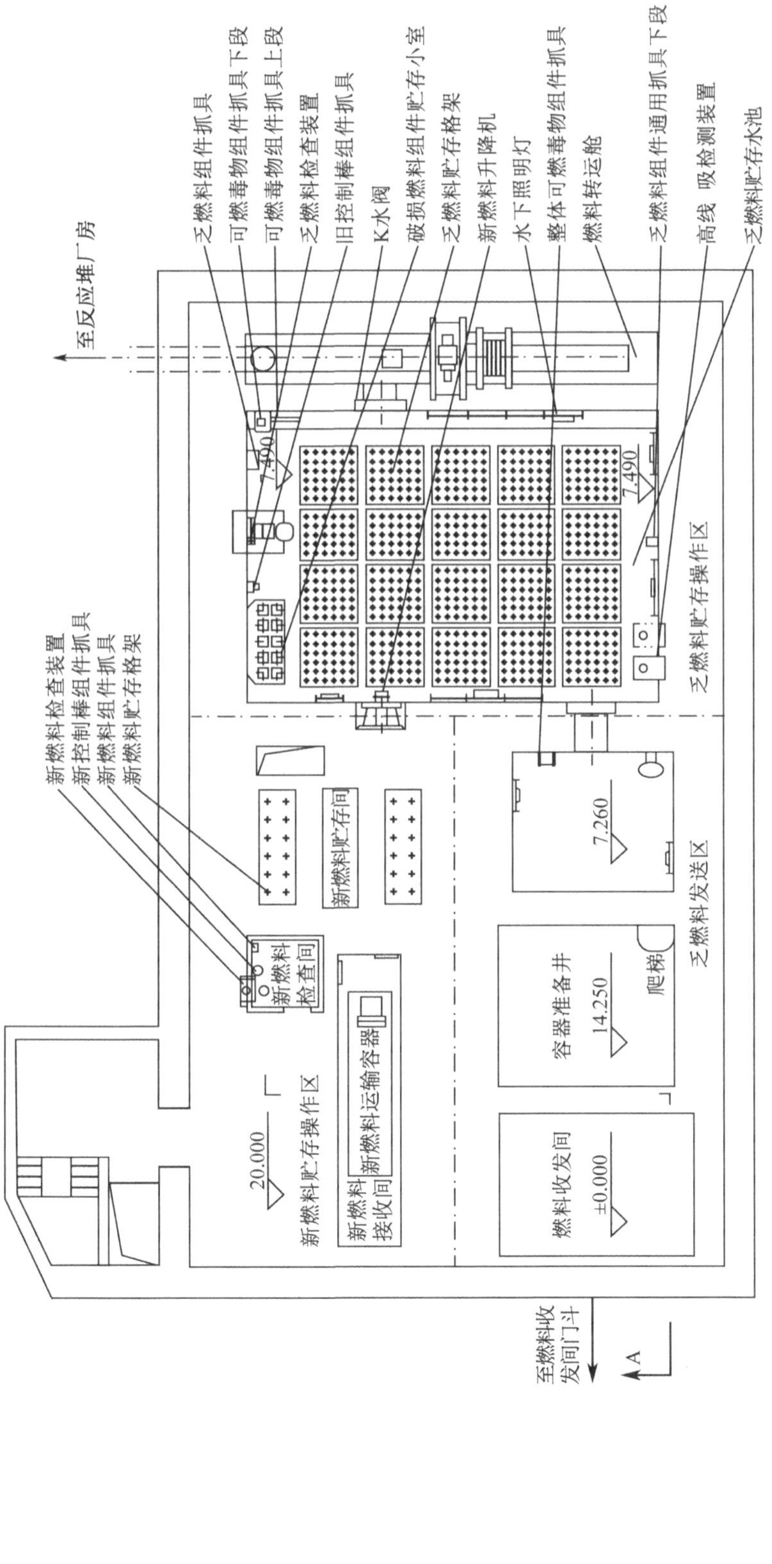

图12-5 燃料厂房平面图（单位：m）

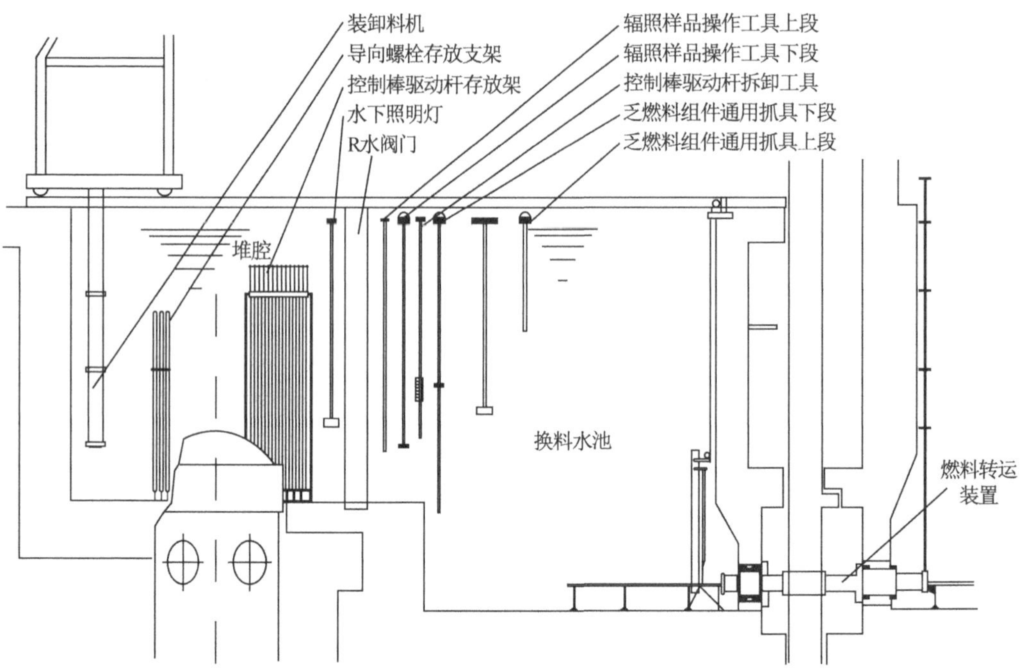

图 12-6　反应堆厂房剖面图

12.2.2　PMC 系统主要设备简介

12.2.2.1　KX 厂房供电及水下照明系统

1. KX 厂房供电系统

这里所提到的 KX 厂房供电系统是指位于 KX 厂房 20.00 m 平台的配电箱，主要是供 PMC 系统的燃料装卸与贮存用，它是由 LKL 系统供电，由燃料厂房 0.00 米处的配电箱控制。RX 厂房的配电箱位于 RX 厂房 20.00 m 平台的倾翻机侧，由它提供装卸料机等设备的电源，由 LKN 系统供电。

2. KX 厂房水下照明系统

KX 厂房的水下照明系统主要是提供在换料和燃料水下操作时的照明，包括乏燃料水池、转运仓、装载井，而 RX 厂房则全部安装在换料水池内。

KX 厂房水下照明系统主要有两部分：

(1) 电源供给箱；

(2) 水下照明灯。

KX 厂房的水下照明灯一共有 14 盏，RX 厂房的水下照明灯一共有 8 盏。

水下照明灯由下列部件组成：

(1) 一个带有防水装置的不锈钢罩；

(2) 一个聚光罩；

(3) 一个双套灯以避免爆裂后碎片落入水中；

(4) 一个卤气灯泡；

(5) 两个网罩以便使水循环和避免爆裂后碎片落入水中。

3. 连接电缆及导轨滑架

在电源供给箱和每盏水下照明灯之间由电缆及电源插头连接。导轨滑架装在水池边上,水下照明灯可沿着导轨滑架用专用工具做升降调整。

使用水下照明灯时必须注意:水下照明灯必须全部浸入于水中之后才能接通电源。

12.2.2.2 新燃料检查装置

脱去包装的新燃料组件升至20.00 m平台之后,要进行外观检查。为此,设置了新燃料检查装置。新燃料检查装置分为上下两部件。上部为起重杆,下部为燃料组件转台,还有一个操作人员的工作台。起重吊杆在20.00 m平台上面,其余在20.00 m平台以下的地坑里(新燃料检查区地面标高14.00 m)。

12.2.2.3 新燃料升降机

因为提升新燃料组件的辅吊不能驶入KX水池上空,故设置了新燃料升降机先将新燃料组件从20.00 m操作平台下降至KX水池池底,然后再用人桥吊车将新燃料组件吊装至乏燃料贮存格架贮存。

新燃料升降机由电动提升卷扬机、上部框架、装载新燃料组件的小舱室和垂直安装的滚动导轨等部件组成。

电动卷扬机安装在KX水池池边的20.00 m平台上,新燃料组件放在上述专用的小舱室内,通过电动卷扬机(也可手动)驱动钢丝绳将载有新燃料组件的小舱室沿着滚动导轨下滑到水池池底。

新燃料升降机只有两个主要操作,即上升和下降,行程标高范围7.50 m~19.50 m。启动后,在上升或下降过程中可自动实现速度转换。升降机在行程中间为高速,在接近20.00 m平台或池底300 mm时自动变为低速。

12.2.2.4 辅助吊车

1. 辅吊的功能与结构

辅助吊车(辅吊)为新燃料贮存区、新燃料检查装置和新燃料升降机、离线啜吸检测装置等服务。

辅吊主要由下列部分组成:

(1)支承两个提升机的双大梁结构,即大车。配有两台双速交流电机,实现沿KX厂房长度方向行使。

(2)装配有提升机的滑架,即小车。提升机用于从燃料吊装口至新燃料开箱间的新燃料运输容器吊装及池边啜吸检测系统的检修等工作;使用提升机吊装新燃料组件。提升机均采用双速电动机驱动。小车的行驶只能是单速,而没有高速。

(3)悬挂式按钮盒。按钮盒悬挂于大车桥架之上,可沿着小车方向滑动,操作员可在20.00 m平台上操作辅吊。

2. 辅吊主要设计特点

(1)辅吊 X、Y、Z 方向定位:

辅吊可沿 X 方向(即纵向—大车方向)、Y 方向(即横向—小车方向)和 Z 方向(即高度方向—吊钩垂直方向)运动。

吊钩的 X、Y 方向定位是分别由位于大车和小车轨道旁的固定坐标和位于桥吊上的指针来控制的。

吊钩的 Z 方向由行程开关控制。大小两个吊钩均有两个高度,分别称为第一高度和第二高度。在下部位置方面,大小两个吊钩不同,大吊钩可以下降至0.00 m标高(即KX厂房地面标高),而小吊钩则只能下降到7.50 m标高(即KX水池底部标高)。

(2)大车、小车及吊钩 X、Y、Z 三方向的运动保护:

在使用时,小吊钩若不在高位,大车、小车就不能动作,但对大吊钩则没有此限制。正常情况下,吊钩、大车和小车三者不能同时动作,除非进行运动互锁旁路。

(3)辅吊和人桥吊车设有防撞装置和耦合装置。耦合装置主要用于当人桥吊车在水池顶部故障时用辅吊将其拖离KX水池上方以便检修。

(4)吊勾设有超载、钢丝绳断裂、钢丝绳偏斜、超速等保护。

(5)小吊钩除设有操作抱闸之外还设有安全抱闸,以保证燃料操作的安全。

安全抱闸在以下情况下动作:

①紧急停止;

②吊钩限位开关动作;

③超速;

④断电;

⑤钢丝绳故障;

⑥辅吊还设有大车和吊钩的手动操作。

12.2.2.5　人桥吊车

1.人桥吊车的功能与结构

(1)人桥吊车是燃料装卸系统的一部分,换料期间用于燃料厂房内装卸新、乏燃料。

(2)人桥吊车是一个在导轨上移动的电动桥式起重机,横跨KX水池。它装有带电动提升机的电动横移滑架。用于沿着三个方向(纵向—大车方向、横向—小车和高度方向—吊钩方向)平移和升、降浸在KX水池中的燃料组件和相关组件。

密封的双速电动机用于驱动桥架在导轨上沿KX厂房的长度方向(即纵向—大车方向)前后行驶,密封的单速电动机用于将滑架沿着桥架(即横向—小车方向)横向移动,人桥吊车的上述 X、Y 两个方向的移动可使吊钩到达KX水池范围内的所有位置。

(3)提升机是双速电动机驱动的。提升机配以燃料操作专用工具用于将核燃料(燃料组件和相关组件)提出和放入KX水池的贮存格架内,用于将核燃料定位在转运装置的倾翻篮上,并用于在已辐照燃料检查装置、离线啜吸检测装置和乏燃料装罐间的核燃料吊装操作及相关操作。

2.人桥吊车主要设计特点

(1)人桥吊车安全要求:人桥吊车的安全要求比辅吊更高,辅吊具有的安全要求人桥吊车全有,并在辅吊安全要求的基础上增加了许多项目。比如人桥吊车运动范围的边界设定,与新燃料提升机、池边啜吸检验系统、已辐照燃料检查装置、燃料传输系统(倾翻机)等设备装置的连锁等。操作人员的技术等级要求也比辅吊高一级。

(2)人桥吊车所有的定位操作是由在吊车下部走道上的操纵员用按钮控制而手动进行的。

(3)人桥吊车装有为在KX水池上方定位用的减速齿轮和制动器、限位开关和运动安全联锁装置。

设计使 X、Y、Z 三方向不能同时动作,即三方向的运动是连锁的。只有当吊钩处于“全上”位置时,才能进行 X、Y 方向的运动(但可使用旁路开关解除该连锁)。

当人桥吊车与辅吊接触时,人桥吊车的运动立即自动停止。

只有在下列情况下才能将人桥吊车定位在燃料传输系统(倾翻机)的上方:

①倾翻篮处于垂直位置;

②倾翻机的控制在人桥吊车驶近时被闭锁;

③只有在下列情况下才能将人桥吊车定位在离线啜吸检测装置的啜吸室的上方;

④啜吸室的上盖处于开启状态;

⑤啜吸室上盖的控制在人桥吊车驶近时被闭锁。

(4)提升机吊钩设有吊装高位限位器(可使用旁路开关解除)和低位限位器。

(5)X、Y坐标偏差校正:在大修换料期间正式启用人桥吊车之前,必须使用假燃料组件校正X、Y坐标偏差。

(6)应急手动操作模式用于下列三种类型的操作。

①大车:松开大车的制动器(抱闸),人桥吊车可沿X方向运动,或者用辅吊牵引。

②小车:可用手动手轮使小车沿Y方向运动。

③提升机:手动松开提升机的安全抱闸,则可用手动手轮使吊钩做提升或下降动作。提升机设有两组抱闸,一个是马达抱闸,一个是安全抱闸。安全抱闸在下列情况下动作。

a. 紧急停止;

b. 提升限位开关动作;

c. 超速;

d. 断电;

e. 钢丝绳故障。

12.2.2.6 燃料传输系统

1. 功能及主要设备

为了完成核燃料在RX厂房和KX厂房之间的传输,特设有燃料传输系统。此系统在RX和KX的传输由一台气动马达驱动。底部带齿条的传输小车上的燃料容器每次可装一组燃料组件。在RX侧和KX侧各装有的一台倾翻机将容器提升到竖直位置或下降到水平位置,以卸出或装入燃料组件。

燃料传输系统主要有下列设备组件:

(1)燃料转运装置的运输小车,燃料承载器;

(2)传输通道管及阀门;

(3)RX和KX厂房倾翻机;

(4)输气动马达;

(5)卷扬提升设备;

(6)应急手动操作装置。

2. 传输小车及倾翻装置

传输小车主要是携带燃料组件往返于RX和KX厂房之间,从而完成燃料组件的传输过程。传输小车的底部装有齿条轨道,可由小池底部的气动马达驱动。小车的侧面装有三种不同用途的滚轮——支承滚轮、导向滚轮和给燃料容器对中的滚轮,小车的尾部装有应急传输装置的驱动点,当应急手动驱动时,可由此点将容器拉回KX厂房。

传输小车的前部装有与其衔接的燃料承载器,容器呈长方体形,其三面均开有孔,以便散发已辐照燃料的余热。燃料容器容纳燃料组件,并随倾翻机完成燃料组件的倾翻。

3. 传输管及阀门

传输管安装于 RX 和 KX 厂房连接处，使得两厂房在水下可接通，安装轴心标高 8.125 m，在传输管的两侧分别装有密封设施，以防在管内有泄漏。在管外侧与厂房的墙之间则采用了膨胀密封的方式，并在密封段装有水泄漏探测器。

KX 厂房侧，由一个阀来密封传输管，此阀门可由操作员在 KX 厂房 20.00 m 平台通过手轮远距离操作。RX 侧的密封是靠一个盲板法兰完成的，此法兰盘可由一个滚轮传动沿水平方向移动使管口打开。在传输管内装有滚轮轨道，以便传输小车在其中行驶。

4. RX、KX 厂房倾翻机

RX、KX 厂房各有一台燃料倾翻机，主要功能是使燃料组件放到水平位置以使传输小车传送或将组件竖直，以便人桥吊车和装卸料机抓取或插入燃料组件。倾翻机由三部分组成：斜撑定位架、倾翻篮和卷扬机。

(1)斜撑定位架可以将倾翻篮定位，使燃料组件在倾翻过程中不会偏斜，并可为倾翻篮处于竖直位置时提供终点支承和对中。

(2)倾翻篮可以携带装有燃料组件的燃料容器，通过安装于 20.00 m 平台上的卷扬机驱动，提升燃料容器到竖直位置或下降到水平位置。倾翻篮的旋转轴心同传输小车上燃料容器的铰接轴在同一轴线上，通过连接在顶部的卷扬机钢丝绳将倾翻篮提升或下降，倾翻篮又通过提升耳轴，使燃料组件实现倾翻动作。

(3)在 KX 厂房和 RX 厂房各有一台电动卷扬机，其功能和型号同新燃料升降机的基本一样，都设置在 20.00 m 平台上。

其主要功能如下：

①可以进行手动/电动转换；

②手动时马达抱闸自动松开；

③卷扬机抱闸(新燃料升降机没有此装置)；

④载荷控制、保护；

⑤行程自动控制；

⑥速度探测。

5. 传输小车应急手动操作

在换料期间，如果马达故障，不允许把已辐照燃料组件留在传输管内，故设计了应急手动操作装置，可将小车迅速拉出传输管外。此应急手动操作装置是独立的，在用应急手动操作杆脱开马达的啮合之后，就可用位于 20.00 m 平台上的手动卷扬轮操作该装置。

12.2.2.7 燃料操作专用工具

在 KX 厂房和 RX 厂房内，围绕核燃料运输、装卸和贮存，备有多种燃料操作专用工具。在 KX 厂房内备有新燃料组件抓具、新控制棒组件抓具、乏燃料组件抓具、旧控制棒组件抓具、可燃毒物组件抓具、阻流塞组件手动工具、堆芯照相装置，以及进行水下拆装用的工具等。

1. 新燃料组件抓具、乏燃料组件抓具、乏燃料组件通用工具

这三件工具在结构上很相似，所以放到一起介绍。

(1)新燃料组件抓具

新燃料组件抓具同辅吊上的钩配用，完成新燃料组件的抓取和存放。它只能用于水上操作，其操作范围如下：

①从运输容器的支承架(垂直状态)上抓取组件；

②放到新燃料检查装置上，脱开工具，检查完后再重新抓取；

③用于存放新燃料组件到新燃料贮存格架；

④将新燃料组件放入新燃料升降机的容器中。

它由下列部件组成：

①夹爪头。完成燃料组件的抓取。底部有两个导向销（无定位销），可插入组件上管座的孔中进行导向。四个夹爪通过操作手柄的控制，张开时同上管座顶的下表面接触，均匀地承受载荷。

②操作杆。用来实现燃料组件的夹紧和松开操作。

③杆身。连接夹爪头和操作杆。

（2）乏燃料组件抓具

此工具与人桥吊车的钩配用，操作员站在桥吊的下部走道上，用此工具做燃料组件的水下操作，其操作范围如下：

①乏燃料贮存格架处抓取燃料组件；

②新燃料升降机处抓取燃料组件；

③池边啜吸检测系统处抓取燃料组件；

④倾翻机（竖直位置）处抓取燃料组件。

乏燃料组件抓具也由杆身、夹爪头、操作手柄及操作杆组成。它是由三段细长杆经现场装配而成的，其夹爪同新燃料组件抓具相似，不同之处是它的一对对角线上不但有两个导向销，在另一个对角线上还有一个定位销使燃料组件的方向确定，以便于在贮存等情况下保持与其在反应堆压力容器内的方向位置一致。操作手柄位于工具的顶部，通过手柄的上、下动作可实现夹爪的夹紧和松开。

（3）乏燃料组件通用抓具

此工具属于备用工具，两个机组各一套。它可以作为乏燃料组件抓具的备用工具，在KX厂房进行燃料的水下操作，另外，又可在紧急情况——当装卸料机的夹爪故障时，挂在RX厂房装卸料机的辅助吊钩上，由操作人员站在走道上进行反应堆压力容器中燃料组件的吊装操作。它是在乏燃料组件抓具的基础上又增加了顶部的一段，并设有配重和可伸缩操作杆，在工具的中间还设有操作手柄。

2. 新控制棒组件抓具和旧控制棒组件抓具

这两件工具分别用于新、乏控制棒组件的操作，它们的夹爪方式一样：通过夹爪芯部的活动杆，使两块半圆形的夹紧片张开或收拢，从而夹紧或松开控制棒蜘蛛柄的内孔，实现抓取控制棒组件。

（1）新控制棒组件抓具

此工具与新燃料检查装置配用，在新燃料运抵KX厂房后，用它抓取位于检查装置上新燃料组件内的新控制棒组件，检查新控制棒组件的表面和其在新燃料组件内的抽插力。

（2）旧控制棒组件抓具

此工具通过一根安全接长杆，悬挂在人桥吊车的吊钩上，由操作员站在人桥吊车的走道上进行水下操作，更换燃料组件内的控制棒组件。

该工具由上、下两部分组装而成。上部部件主要包括电动卷扬机提升装置、手动夹紧操作杆、吊臂、支承架和框架等。下部部件由框架、提升杆、提升导向装置、夹紧装置、底部定位销等部件组成。

将工具被定位在需更换控制棒组件的燃料组件上之后,通过电动卷扬机下降夹爪,到位后手动操作夹紧控制棒组件,然后再电动提升控制棒组件,从而从燃料组件内抽出控制棒组件,插入过程正好相反,其电动卷扬机的电源可通过连接电缆由人桥吊车的顶部小车专用电源箱接出。

3. 可燃毒物组件抓具

此工具同旧控制棒组件抓具使用方式一样,只不过它用于更换燃料组件内部的可燃毒物组件(首次换料),但也用于更换阻流塞组件。

它由两部分组装而成,上部部件主要由手动卷扬机装置、手动夹紧操作手柄、管体、防下坠棘轮等组成,下部部件包括框架、提升杆、夹紧装置、导向梳及其联动控制装置等。

此工具可通过定位销与可燃毒物组件顶部接触,手动下降夹爪,导向梳自动张开使夹爪通过,到位后手动操作夹紧手柄,利用手动卷扬机提升可燃毒物组件,导向梳又自动收拢,以导向和固定每根棒束的位置,这样就完成棒束的抽出工作,而插入过程相反。

12.2.2.8　核燃料贮存格架

核燃料贮存格架用于贮存新燃料组件、已辐照燃料组件、以及乏燃料组件,它呈盒状,顶部带有喇叭口,以便于燃料组件的插入。分为“新燃料贮存格架”和“核燃料水下贮存格架”两种。

1. 新燃料贮存格架

新燃料贮存格架用于贮存备用的新燃料组件及到货验收检查出的有疑问的新燃料组件。每个 KX 厂房共有 36 个贮存格架(单元),可贮存 36 组新燃料组件。新燃料贮存格架的底部固定在标高 15.50 m 的平台上,顶部处于 20.00 m 平台下方,每个盒都带有一个特殊材料做的盖子,应保持盖子关闭,以防物体落入盒内。

2. 核燃料水下贮存格架

核燃料水下贮存格架安装在 KX 水池内,它们被组合成组合体,每个组合体包括三个分组体。

(1)贮存盒

贮存盒带有中子毒物以减少贮存盒之间的距离而增加贮存容量。贮存盒有助于组合件的刚度。

使用镉作为中子毒物。贮存盒由内不锈钢板、隔垫条带和防止镉受池水影响的外不锈钢板组成。这三层薄壁最后同时成型以确保公差及三层之间良好接触。

(2)支承结构

支承结构它连接贮存盒、组合件和抗震装置。它也有助于组合件的刚度和将燃料贮存盒定位。

(3)抗震支承装置

抗震支承装置放在格架和 KX 水池池底之间以支承组合件和吸收地震载荷。每个组合件下面均有抗震支承装置,它们大幅度地减少在土建结构、贮存格架和燃料组件等上面的地震引起的应力。

每个 KX 厂房的 KX 水池共安装有 690 贮存单元,可容纳 15 次连续的、正常的每次大修换料卸出的燃料组件,以及堆芯紧急卸料燃料组件。乏燃料水池设计可容纳 ^{235}U 富集度达 4.45% 的燃料组件。

【选读篇】

第13章　核燃料设计准则

13.1　燃料系统总的设计和安全准则

13.1.1　定义

1. 屏障

核电站设计的安全目标是包容和控制厂区内所有放射源，以保证厂区人员和公众的安全，以及保持放射性辐照量在合理可行尽量低的水平，并在国家核安全部门规定的限制之内。为达到这些目的，采取纵深防御方法，设置一些屏障，以阻止放射性物质的逸出。这些屏障[注]是：

(1)燃料基体；

(2)燃料包壳；

(3)反应堆冷却剂系统压力边界；

(4)反应堆安全壳系统。

堆芯设计要保证在最大可行范围内把放射性物质封闭在燃料基体和包壳内，设计过程要求对中子物理、热工水力、机械和化学等方面作反复考虑。

一般把屏障划分为三道，依次为：燃料包壳、反应堆冷却剂系统压力边界、反应堆安全壳系统。

2. 事故

事故是指极不大可能发生的(自然的或人为的)事件。这些事件可能导致一道或几道屏障破坏，使放射性物质释放并要求工程安全设施投入运行(这些事件属于工况Ⅲ和工况Ⅳ)。

3. 安全停堆

安全停堆是指堆芯处于次临界，余热被排除，安全壳系统保证裂变产物的排放维持在可接收的限值之内，而且维持在这一状态所需的有关系统运行在设计的正常范围内。

4. 燃料棒的完整性

保持燃料棒的完整性，就是说燃料棒处于密封无泄漏状态。

5. 燃料组件的完整性

保持燃料组件的完整性，就是说燃料组件保持了完整性，而且满足在安全分析中所考虑的燃料组件的功能要求。

13.1.2　总的设计和安全准则

反应堆堆芯和相关的冷却剂系统、控制和保护，以及安全系统的设计必须保证：

(1)在工况Ⅰ和工况Ⅱ下，应保持燃料组件的完整性。但是，在可能发生少量燃料棒随机破损的情况下反应堆能否正常运行，则取决于反应堆净化系统的性能和运行规定。

（2）当出现某一工况Ⅲ事故后，尽管堆内破损的燃料棒仅占燃料棒总数的一个小的份额，阻止反应堆立即恢复到正常运行状态，但在这种情况下反应堆仍要能够恢复到安全状态。

（3）出现工况Ⅳ事故后，反应堆要能够恢复到安全状态，并使堆芯保持在次临界状态，同时还要保持堆芯可冷却的几何形状。

13.2 燃料棒设计准则

13.2.1 设计准则

13.2.1.1 非运行工况

在燃料组件装卸、运输和贮存的整个过程中应保持其完整性。

13.2.1.2 工况Ⅰ和Ⅱ

（1）保持燃料棒的完整性

将燃料发出的能量和相应功率随时间的分布，作为反应堆运行工况和运行模式的函数予以考虑。

（2）临界热流（作为失去燃料棒完整性的一个可能机理）

要求堆芯最热的燃料棒没有达到临界热流的概率在95%的置信水平下，至少为95%。

（3）熔化（作为失去燃料棒完整性的一个可能机理）

要求最大线功率的燃料棒其温度达不到其相应 UO_2 熔点的概率在95%的置信水平下，至少为95%。

为保证可靠运行，对于工况Ⅰ和Ⅱ，燃料棒设计必须满足：

（1）棒内压

堆内燃料棒内压低于这样一个限值：在稳态运行时由于包壳向外蠕变而使直径间隙增加并广泛发生泡核沸腾（DNB）扩散。

（2）包壳应力

包壳的体积平均有效应力不应超过考虑了温度和辐照效应的包壳材料的拉伸屈服强度。

（3）包壳应变

对于每个瞬态事件，从当时的稳态工况起算，包壳周向的弹性加上塑性的应变不应超过拉伸应变范围1%。

（4）包壳温度

包壳表面温度（氧化膜—金属界面），对于稳态运行不得超过400 ℃，对于短时瞬态运行不得超过425 ℃。

（5）UO_2 燃料温度：

在任何时间，最高的 UO_2 燃料中心温度必须低于 UO_2 熔点（对于未辐照的燃料为2 800 ℃，燃耗每增加 1×10^4MWD/TU 降低32℃）。由于中心温度计算的不确定度，实际所选用的限值为2 590 ℃。

（6）包壳坍塌

在预计的辐照期间，燃料棒设计不得发生包壳坍塌现象。

(7)气腔弹簧

在未经辐照的情况下,当受到 $4g$ 轴向加速度时,弹簧应限制芯块柱轴向移动。

(8)格架栅元力

应保持格架栅元的正压力,以防止包壳磨蚀量超过名义厚度的10%和保持每个栅元都与燃料棒可靠接触。

(9)包壳疲劳

计算出的疲劳寿命不得超过设计疲劳寿命。累计的疲劳寿命份额应满足下式:

$$\sum_{k} \frac{n_k}{N_k}$$

式中 n_k——在给定有效应变范围下的循环次数;

N_k——在给定有效应变范围 ε_k 下的允许循环次数。

(10)燃料棒生长

燃料棒两端与上、下管座之间应留有足够间隙,以防止相互干扰。

(11)氢化

燃料棒内每立方厘米自由冷空间的当量水含量应低于 2 mg。自由冷空间包括轴向气腔、环形间隙、芯块碟形和倒角以及芯块开气孔体积。

13.2.1.3 工况Ⅲ和Ⅳ

在工况Ⅲ和工况Ⅳ情况下,对于控制棒组件弹出事故和失水事故(LOCA),其燃料安全准则及其相应的验收准则如下。

1. 单个控制棒组件弹出事故

单个控制棒组件弹出事故将导致功率的骤增,该事故采用的特定准则如下:

(1)反应性的骤增不能在新燃料棒任何轴向位置上引起燃料棒径向平均比焓大于 225 卡/克,对辐照过的燃料则其径向平均比焓不能大于 200 卡/克。

(2) 在瞬态持续的任何时刻,反应堆冷却剂主回路中的最高压力不能超过设计应力的 110%。

(3) 在瞬态持续的任何时刻,包壳温度不得超过 1 480 ℃。

(4)在瞬态持续的任何时刻,在燃料棒热点的局部位置,熔融的燃料体积不得超过该处总燃料体积的 10%。

2. 反应堆冷却剂丧失事故

虽然这类事故是极不大可能发生的,但其后果可能是很严重的,因此,应按照规定的设计准则对失水事故进行分析。这些准则的目的在于防止堆芯受到过分地损伤和减少放射性对居民的影响。这五条准则是:

(1)包壳的最大氧化量:在其任一点上不得超过包壳总厚度的 17%。

(2)最大产氢量:包壳和水或汽发生化学反应所产生氢的计算总量,不应超过假定包敷燃料的所有包壳材料(不包括贮气腔部分的包壳)都参加反应所产生氢量的 1%。

(3)堆芯几何形状:堆芯几何形状的变化使得堆芯仍能保持被冷却状态。

(4)长期冷却:在与应急堆芯冷却系统计算一致的所有初始运行条件下,计算得到的堆芯温度应保持在一个许可值之内,且只要有燃料留在堆芯就要将其余热排除。

13.2.2 设计方法

应当使用最新计算机程序进行计算。COCCINEL 程序用于计算稳态工况下燃料棒热力学性能，MISTIGRIC 程序用于计算瞬态工况下燃料棒热力学性能。

13.2.2.1 稳态性能计算

COCCINEL 程序采用迭代法计算随时间和线发热而变化的温度与压力、包壳弹性与塑性变形、裂变气体释放量和燃料密实与肿胀的相互影响，从而确定适当的燃料棒参数，例如燃料密度、芯块与包壳的间隙、气腔长度和预充氦压力等。

该程序用一系列稳态功率水平和功率阶跃来模拟燃料棒功率历史。燃料棒沿轴向被分为若干段，假定各段功率在某一给定时间步长内不变。对每一轴向段，分别计算燃料密实和肿胀、包壳应力和应变、局部温度、燃耗和裂变气体释放。计算先按名义参数进行，然后再考虑不确定度，校核是否满足设计准则。

13.2.2.2 瞬态性能分析

MISTIGRI 程序包括几个从 COCCINEL 程序推导出的简化物理模型。这些模型对功率瞬态前（初始状态）的芯块和包壳状态具有重要影响。该程序计算芯块和包壳间的冷态间隙和表征芯块肿胀及包壳蠕变的功率（平衡功率）。在功率变化期间，该程序估算考虑芯块局部应变的局部应力随局部功率的变化。局部应力是由两维有限元计算程序 SYSTUS 计算的。与堆芯物理计算的接口用 TITAN 程序来处理。

瞬态性能分析包括两步：

第一步为初始状态计算，对每根燃料棒，用 MISTIGRI 计算冷态间隙沿堆芯高度的变化；

第二步为瞬态分析，在瞬态的每一步长，用 MISTIGRI 计算堆芯的每个结点和每根燃料棒的局部应力。最高局部应力随燃耗的变化与由功率试验的热—力学分析确定的准则进行比较。

13.3 燃料组件结构设计

13.3.1 设计基准

燃料组件设计应满足以下要求。

（1）在工况Ⅰ和工况Ⅱ（运行工况）：

①保持第一道屏障（燃料包壳管）的完整性；

②不出现不可接收的机械变形，特别是保持燃料棒排列形状。

（2）在工况Ⅲ和工况Ⅳ（事故工况）：

应保持其功能，也就是说，控制棒组件能够插入，并且燃料棒排列形状符合堆芯可冷却要求。

13.3.2 功能要求

（1）保持燃料组件轴向和径向位置以及可接收的几何形状，即保持燃料棒在燃料组件内的位置和燃料组件在堆芯内的位置；

（2）保证足够的冷却剂流量以保证可接收的传热条件；

（3）提供第一道密封屏障（燃料包壳管），把二氧化铀燃料和裂变产物与冷却剂隔离开；

(4)允许燃料棒、燃料组件和堆内构件的轴向和径向膨胀;

(5)确保包壳自身的支承能力并承受住横向及轴向载荷的能力;

(6)承受住水力载荷,即能够承受振动、磨蚀、气蚀及流体力学不稳定性影响,从而保证燃料组件的定位;

(7) 保证控制棒落棒时间在事故分析确定的限值以内,并保证在控制棒在落棒行程末端减速所造成的冲击速度是可以接受的;

(8)能承受住化学、热学、结构力学和辐照对所用材料的影响以及各零部件之间的相互作用;

(9)与操作、运输、堆芯装卸料设备相容;

(10) 确保所有的燃料组件相互间、与相关组件之间以及与反应堆堆内构件之间相容;

(11) 保证可以进行辐照后贮存、运输和后处理;

(12) 条件合适时,保证可以进行燃料组件修复和重新装入堆芯复用。

13.3.3 载荷

13.3.3.1 非运行载荷

(1)在运输、贮存和装卸过程中,对承受最大冲击载荷的燃料组件其结构的完整性和尺寸稳定性应予以证实。

(2)对新燃料组件和辐照过的燃料组件的运输、贮存和装卸,其设计必须证实:

①结构完整性及其尺寸稳定性,以保证装卸操作顺利进行;

②燃料包壳完整性,以阻止裂变产物释放到冷却剂中。

(3)燃料组件的所有零部件及其连接部件应证明是满足设计和安全基准的。

(4)装卸,应考虑定位格架勾挂的危害并证明定位格架的完整性。

(5)对辐照过燃料组件的贮存,要考虑事故影响后果,特别要分析失去冷却的后果。

13.3.3.2 运行载荷(工况Ⅰ和Ⅱ)

其堆内载荷包括但不限于以下各项:

(1)重力

(2)水力

①阿基米德浮力;

②冷却剂流动产生的力,包括沿棒流动的沿程阻力和流过定位格架、管座等的局部阻力;

③振动力。

(3)外力

①压紧弹簧的压紧力;

②相关组件压紧系统所施加的力;

③紧急停堆时控制棒组件下落所产生的力,包括控制棒下落减速过程中,在水力缓冲段产生的超压和控制棒组件下落到上管座产生的冲击力。

(4)内力

在导向管和燃料棒之间由于不同的变形所产生的内力。

13.3.3.3 事故载荷(工况Ⅲ和Ⅳ)

燃料组件设计必须考虑:

(1) 一回路冷却剂失水事故;

(2)安全停堆地震。

在燃料组件设计过程中必须考虑以下事件对燃料组件所施加的机械载荷:

(1) 失水事故引起的瞬态把大的垂直载荷施加到燃料组件上,使燃料组件上升、下降撞击下堆芯支承板,然后在弹回,依此往复多次。失水事故还可对堆芯围板施加非对称的载荷,并引起燃料组件支承结构的水平晃动,从而使燃料组件之间以及燃料组件同堆芯围板之间产生撞击。

(2)地震产生的水平载荷与失水事故类似。

在非正常条件下,通常用以下参数验证燃料组件的性能:

(1)燃料组件和下堆芯支承板之间的最大载荷;

(2) 燃料组件和上堆芯支承板之间的最大载荷;

(3)燃料组件之间及燃料组件和堆芯围板之间的撞击载荷;

(4)燃料组件的横向变形。

13.3.4 设计要求

1. 保持每个零部件的机械完整性

燃料组件的所有零部件及其接口应证明满足设计和安全基准。

2. 控制棒组件降落

导向管设计必须保证控制棒组件的下落时间是可接受的,而且当控制棒插入缓冲段后,要有足够的减速能力。

3. 燃料组件和堆芯支承板之间的间隙

应当保守地证实没有可能造成丧失燃料组件完整性的燃料组件与堆芯支承板之间的相互作用,这就应当考虑:

(1) 膨胀差;

(2)组件构件的辐照生长效应;

(3) 公差和不确定度。

4. 燃料棒和管座之间的间隙

应当对燃料棒和管座之间的间隙进行分析,以保证不同零部件在辐照下其性能的相容性。

这种分析对于下述效应应进行合理考虑:

(1)燃料棒与组件构件之间的热膨胀差;

(2)燃料棒与组件构件之间的辐照生长差;

(3)公差和不确定度。

5. 燃料组件的压紧

应考虑下述现象:

(1) 压紧弹簧应力松弛;

(2)工况Ⅰ下的最大流量;

(3)燃料组件压降(包括有关的不确定度);

(4)燃料组件与堆内构件之间的综合尺寸公差;

(5)燃料组件与堆内构件之间的热膨胀差;

(6)燃料组件辐照生长。

只要不丧失压紧弹簧功能，在某一瞬间时燃料组件被升起是允许的。

6. 燃料棒在燃料组件中的夹持

在评价燃料组件中的燃料棒保持情况时应考虑下述现象：

(1)格架弹簧的辐照松弛；

(2)在可能存在格架长大情况下格架栅元与燃料棒之间的膨胀差；

(3)包壳向里蠕变；

(4) 制造公差；

(5) 振动效应。

根据由理论或试验确定的燃料棒保持准则，这种分析应当证实燃料棒在组件中的相对移动不会造成燃料棒或组件的完整性丧失。

13. 3. 5　设计准则

燃料组件结构设计应满足两类准则。

1. 燃料组件结构完整性准则

通过限制由各种载荷引起的应力和应变并保持燃料组件不干扰其他部件的功能来确保燃料组件结构完整性。

应考虑三类载荷。

(1) 非运行载荷，包括制造载荷，运输、吊装和贮存载荷，以及燃料组件修理载荷等。

(2) 正常运行载荷，包括燃料组件自重、水力载荷、温度效应、辐照效应、来自堆芯相关组件的载荷以及堆功率变化、紧急停堆、主泵超速等引起载荷。

(3) 异常载荷，它们引起下管座的轴向冲击、格架受压和燃料组件变形。满足设计准则和评价准则就能保证结构完整性从而保证停堆能力和可冷却的组件形状。

2. 结构相容性准则

燃料组件设计应与堆内构件、堆芯相关组件、堆芯已有燃料组件和装卸设备相容。

下面从功能和相容性角度对燃料组件及其部件的结构特性加以说明。

13. 3. 5. 1　燃料组件总体尺寸

(1)上管座连接板高度

其上表面高度必须满足控制棒的核功能要求，允许控制棒正常移动和从全插入位置向上提起。

(2)下管座高度

其结构形状必须适应插入堆芯下底板上的定位销；必须与周围燃料组件压降相匹配并使组件之间的流量分配尽量均匀。

(3)上管座高度和燃料组件总长度

上管座结构形状必须适和插入堆芯上支承板上的定位销和堆芯相关组件，便于使用吊装工具。上管座不得干扰堆芯上支承板，为此设置压紧弹簧来保持它们之间的间隙并压紧燃料组件。

(4)燃料棒与管座之间的间隙

燃料棒与管座上、下间隙总和必须补偿导向管和包壳管之间的热膨胀差和辐照生长差。

(5)燃料组件横断面

必须保证燃料组件的顺利卸料,与堆芯相关组件和周围燃料组件的相容性以及相邻燃料组件外排燃料棒之间的适当间隙。

(6)燃料组件与对应格架的高度

全部燃料组件的对应格架必须处于相同高度,以防止运行中格架外条带碰上相邻燃料组件的外排燃料棒,并便于装卸料。

13.3.5.2 压紧弹簧组件

(1) 保持结构完整性。

(2)在正常热态或冷态流量下压紧弹簧组件应防止燃料组件升起。最小压紧力绝对值必须大于或等于所要求的压紧力(最小燃料组件重量、最大向上冲刷力、浮力、要求的余量之和)。

(3) 无永久变形。

13.3.5.3 导向管

(1) 保持结构完整性;

(2)无轴向挠度;

(3)无周向永久变形;

(4)轴向长大小于燃料组件与堆芯支承板之间的间隙;

(5)保证紧急停堆时间和总的落棒时间,同时不使缓冲段承受过大压力;

(6) 缓冲段高度相同。

13.3.5.4 格架

(1)保持结构完整性;

(2) 在设计基准事故下无格架扭曲变形;

(3)保持对燃料棒的良好支承,防止燃料包壳过度磨蚀和过大的包壳局部应力;

(4)格架辐照生长后仍不妨碍燃料组件吊装操作;

(5) 在燃料组件运输过程中,格架能够承受 $4g$ 加速度的直接载荷和 $6g$ 加速度的横向载荷,不发生燃料棒移动。

13.3.5.5 燃料棒

(1)无振动失稳现象;

(2)无过度的包壳腐蚀,允许磨蚀量为包壳厚度的 10%;

(3)无过大的伸长。

13.3.5.6 管座

(1) 保持结构完整性;

(2) 下管座具有最小的冷却剂压降而又能够承受各种预计的载荷。

13.3.5.7 连接结构

保持结构完整性。

13.3.6 设计裕量、设计校验方法和事故评价

13.3.6.1 设计裕量

确定燃料组件结构尺寸时应留有适当设计裕量,以承受最大的设计载荷。

13.3.6.2 设计校验方法

为保证各种载荷下的燃料组件结构完整性,应采用多种设计校验方法:

(1) 分析研究(有限元法);

(2) 部件结构实验;

(3) 燃料组件结构实验;

(4)燃料组件在考验回路中的寿命考验;

(5) 辐照样品的堆内辐照考验;

(6)与辐照经验进行比较。

13.3.6.3 事故评价

燃料组件设计必须进行事故评价。通过研究燃料组件的总体性能,确保在设计基准事故(失水事故和安全停堆地震同时发生)下能够停堆并保持停状态。

在发生事故时,燃料组件相互之间以及燃料组件与堆芯围板之间发生撞击(横向响应),管座和导向管发生变形(垂直响应)。因此所选用的设计准则必须保证格架不发生永久变形、导向管轴向稳定性、应力小于应力限值,以及综合载荷小于载荷限值。

基本分析方法和分析步骤是先确定反应堆载荷,再进行反应堆动态响应分析,最终分析燃料组件的载荷和应力。

13.4 相关组件设计准则

13.4.1 各相关组件

13.4.1.1 设计分析的载荷

主要的设计分析载荷如下:

(1)控制棒组件下落时组件各零部件承受的载荷;

(2)弹簧施加的载荷;

(3)主泵正常运行和超速情况下的水力载荷;

(4)控制棒组移动时,由于驱动线部件之间的相互干扰引起撞击载荷;

(5)振动;

(6)地震产生的载荷。

在所有的相关组件中,特别是控制棒组件承受的机械载荷最高,同时也是反应堆停堆必不可少的重要组件。

控制棒连接柄必须承受所有的运行载荷,特别是在紧急停堆和按步进行操纵控制棒升降时由驱动机构所施加的最大载荷。

13.4.1.2 设计要求

一般地说,反应性的控制部件的机械设计应能防止所有的控制失效或防止相关组件的关键部件的功能丧失。

13.4.2 吸收棒

13.4.2.1 设计分析载荷

对吸收棒包壳的应力分析必须考虑以下载荷:

(1)冷却剂的压力和温度;

(2)堆内居留时间所受的辐照;

(3)吸收棒与包壳之间不同的热膨胀;

(4)控制棒束移动所产生的载荷;

(5)控制棒束移动所产生的磨蚀;

(6)硼在辐照期间产生的氦所形成的内压;

(7)在导向管中的冷却条件。

13.4.2.2 设计要求

吸收体应设计成在经受热的和机械操作载荷时仍需保持其机械完整性。

对所有材料,应根据吸收体与包壳之间的间隙导热、热膨胀、辐照生长、中子和γ射线引起加热等效应来确定吸收棒的径向和轴向温度分布。上述计算应包括由于$^{10}B(n,\alpha)$反应产生的热量。

当包壳经受氦气释放产生的内压和经受控制棒运动所产生的任何磨蚀时,应保持包壳的机械完整性。

应当评价包壳破裂对反应性控制系统价值损失的影响。

13.4.3 可燃毒物棒

13.4.3.1 设计分析载荷

可燃毒物棒的应力和性能分析必须考虑以下载荷:

(1)反应堆冷却剂的压力和温度;

(2)在导向管中可燃毒物棒的冷却条件。

13.4.3.2 设计要求

在运行热应力和机械操作载荷作用下毒物棒应保持其机械完整性。

还应根据间隙导热、热膨胀以及构成棒的材料的中子和γ射线所引起的加热等效应来确定可燃毒物棒的径向和轴向温度分布。

当包壳承受由任何氦气释放引起的内压时,应保持其机械完整性。

对导向管、可燃毒物棒和缓冲段所进行的分析,应证明流量对于防止冷却剂沸腾、限制热应力和锆合金腐蚀是足够的。

13.4.4 一次和二次中子源棒

13.4.4.1 设计分析载荷

对一次和二次中子源棒的设计应考虑以下载荷:

(1)冷却剂的温度和压力;

(2)Sb-Be 芯块的气体释放;

(3)中子源棒各零部件之间的热膨胀;

(4)在导向管中中子源棒的冷却条件。

13.4.4.2 设计要求

设计必须把一次中子源和二次中子源区分开,即所设计的一次中子源仅在堆内居留一周期,而二次中子源要在堆内至少居留 15 年。

在二次中子源棒上部设有一个大的贮气腔,在中子源棒受到长时间辐照后,应避免由于包壳周向蠕变引起包壳坍塌的危险。应考虑气体释放、棒初始内压来评价二次中子源棒寿期末的压力。

13.5 燃料组件热工水力设计

13.5.1 设计准则

燃料组件设计应具有与堆芯中的发热率分布相应的足够传热能力,并确保满足性能要求和安全准则。堆芯热工水力设计的主要限制如下。

13.5.1.1 一般准则

(1)在正常运行、运行瞬态和任何因常见故障(工况Ⅰ和Ⅱ)引起的瞬态工况期间,热棒不出现DNB的概率至少为95%,置信度为95%;

(2)燃料最高温度应低于UO_2的熔点。

(3)应有足够百分比的冷却剂流过堆芯的燃料棒区域,并能有效地冷却燃料棒;

(4)在工况Ⅰ和Ⅱ下不会导致水力学不稳定。

13.5.1.2 控制棒束水力学准则

导向管设计优化的目标为:

(1)确保在导向管与控制棒的径向间隙内具有足够的冷却剂流量;

(2)当控制棒束处于上部位置时,堆芯内的旁通流量应尽可能地减少;

(3)事故停堆时间短。

13.5.2 设计方法

13.5.2.1 DNB估算

临界热流密度取决于当时冷却剂的局部特性,例如局部流量、热力学焓流量、压力,以及几何形状和流体入口特性,DNB关系式(WRB1)包含了这些参数,且可用于非均匀热流密度情况。冷却剂通道细分为子通道,而通过解每个控制容积的能量、质量和动能方程式就能算出局部流体条件,对热管的描述非常精确。此关系式适用于每个控制容积。

这种计算用三维计算机程序进行,它考虑了通道内的压降分布和堆芯中的功率分布情况,用各点的实际热流密度除DNB热流密度就可以计算出各点的烧毁比。在进行烧毁比估算时,留有安全余量,以考虑由于芯块偏心、包壳椭圆度、芯块密实化、棒弯曲和燃料富集度公差引起的局部热流密度的统计性增加。这些因子是根据质量控制数据和辐照过的标准燃料组件的测量值确定的。

13.5.2.2 流量分布

计算出相邻组件的横向流量以用于振动计算。

13.5.2.3 计算机程序

FLICAIII热工水力计算机程序可以确定平行通道中的稳态冷却剂状态。它能逐个组件地进行计算,然后处理单个考虑到它的所有子通道的热组件,故可以进行整个堆芯的分析。

FLICAIII提供以下数据:

(1)堆芯中的冷却剂密度变化(用于中子计算);

(2)堆芯热输出限值(它影响临界热流密度)。

13.6　核　设　计

13.6.1　设计准则

确定燃料管理方案时,应满足下列准则:

(1)燃料应具有足够的反应性以达到规定的循环长度;

(2)在工况Ⅰ和工况Ⅱ,燃料管理方案不得使焓升热管因子(堆芯最大焓升除以堆芯平均焓升)超过设计值;

(3)在工况Ⅰ和工况Ⅱ,燃料管理应使燃料棒的功率和燃耗符合燃料棒设计准则规定的燃料结构完整性要求;

(4)在工况Ⅰ,燃料管理以及运行限值应使热点因子(最大线功率密度)小于失水事故准则所要求的值;

(5)在功率运行的条件下,反应性的慢化剂温度系数应是负值,因而能提供负反应性反馈特性;

(6)核设计报告中关于核的章节中所述的停堆余量,在任何功率运行条件下都应达到,并在热备用停堆条件下仍然保持。

在进行所有的反应堆紧急停堆分析时,由棒束控制组件引入的负反应性是在假定具有最高价值的棒束组件完全抽出(卡棒准则)情况下计算出的。

13.9.2　设计方法

由于在所有水堆计算中,有可能把能量和空间变量分开,所以可将燃料管理计算分成两种类型。第一种类型为栅格计算,另一种类型称为堆芯计算。栅格计算的目的是计算中子能谱以便将截面归并成能按能谱平均的少群参数,然后,将栅格计算结果输入到一维或二维、三维程序中进行堆芯计算。

目前核设计中所用的计算机程序有下列几种。

(1)CELTE:用于温度计算;

(2)ARMEL:用于建立作为燃耗函数的宏观常数库;

(3)NARVAL:用于二维扩散燃耗计算;

(4)ESPADON:用于一维扩散燃耗计算。

第 14 章　二氧化铀及其性能

目前,世界各国普遍采用二氧化铀作为压水堆核燃料。这是因为二氧化铀具有以下特点:

(1)熔点高,高温稳定性好;

(2)抗辐照,包容裂变气体的能力强;

(3)抗腐蚀,特别是抗水腐蚀性能好;

(4)在辐照下尺寸稳定性好;

(5)与包壳材料的相容性好。

二氧化铀作为核燃料的缺点是导热性差,特别是高温导热性差。但上述优点可以部分地弥补这种不足。

14.1　二氧化铀芯块的化学成分和 ^{235}U 富集度

14.1.1　二氧化铀芯块的化学成分

截至目前,有关压水堆核燃料二氧化铀芯块的资料很少公开发表。美国 ASTM Designation:C776-76 对芯块的杂质含量和总硼当量规定如下:

表 14-1　C776-76 对芯块的杂质和总硼当量规定

杂质元素	最大允许量	杂质元素	最大允许量
Al	250 μg · gU^{-1}	N	75μg · gU^{-1}
C	100 μg · gU^{-1}	Si	250 μg · gU^{-1}
Ca+Mg	200 μg · gU^{-1}	Th	10 μg · gU^{-1}
Cl	25 μg · gU^{-1}	O/U	1.99~2.02 μg · gU^{-1}
Cr	250 μg · gU^{-1}	H(总氢当量)	2 μg · gU^{-1}
Co	100 μg · gU^{-1}	总硼当量	4.0 μg · gU^{-1}
F	15 μg · gU^{-1}	气体含量(不包括水分)	不超过 0.05 cm^3/g 铀
Fe	500 μg · gU^{-1}	总铀含量	不低于 87.7%
Ni	250 μg · gU^{-1}	杂质含量总和	不超过 1 500 μg · gU^{-1}

注:总硼当量 = $\sum$ 单个元素硼当量 = $\sum$ 硼当量系数 × 每克铀中该元素的含量(μg)。

法国法马通公司的 AFA2G(加网)17×17 燃料组件中二氧化铀芯块的最大杂质含量如下所示:

表 14-2　法马通公司的 AFA2G 17×17 燃料组件中二氧化铀最大杂质含量

元素	最大含量/(μg·g^{-1})	当量硼因子/(μg·g^{-1})
B	应考虑其他杂质含量以满足总的硼当量标准	10 000×10^{-4}
Cd		3 172×10^{-4}
Dy		818×10^{-4}
Eu		4 250×10^{-4}
Gd		43 991×10^{-4}
Sm		5 336×10^{-4}
Cl	25	132×10^{-4}
F	10	0.072×10^{-4}
Al	$\sum \leqslant 750$	1.27×10^{-4}
Ca		2×10^{-4}
Mg		0.41×10^{-4}
Si		0.82×10^{-4}
Ti		18×10^{-4}
Cr	$\sum \leqslant 500$	8×10^{-4}
Mo		4×10^{-4}
Fe		6×10^{-4}
Ni		11×10^{-4}
Zn*	20	2×10^{-4}
C	100	0.04×10^{-4}
N	75	19×10^{-4}

注:只有当使用锌基添加剂时才进行分析。

14.1.2　^{235}U 富集度

用于压水堆核燃料的二氧化铀^{235}U 富集度使用范围很广,并根据反应堆功率大小而各有不同。反应堆使用二氧化铀芯块^{235}U 富集度如表 14-3 所示。

表 14-3　反应堆使用二氧化铀芯块^{235}U 富集度

功率/万千瓦	^{235}U 富集度范围	时间	^{235}U 富集度范围
<30	1.5~7	1965 年以前	1.03~7
30~60	1.89~3.6	1966—1970 年	1.89~3.6
60~90	1.03~3.32	1971—1977 年	1.4~3.74
90~120	1.4~3.35	1977 年以后	1.90~4.0
>120	1.90~4.0 以上		

14.2 二氧化铀芯块的物理性能

14.2.1 二氧化铀的熔点

由于测试样品和测试方法的不同,因此二氧化铀的熔点一直未能有一个比较科学权威的结果。随着测试方法的不断完善,测量结果比较趋向一致,目前较为公认的二氧化铀熔点是 2 865 ℃±15 ℃。化学计量,主要是氧铀比对熔点有一定影响。当 $1.75<O/U\leqslant 2.003$ 时,熔点和氧铀比有如下的关系:

$$T_{熔点℃}=9\ 443+11\ 488\left(\frac{O}{U}\right)^2$$

另外,燃耗对熔点也有影响。西屋公司测量过燃耗达 2 000 到 52 000 MW·d/tU 范围内的二氧化铀的熔点,发现熔点随着燃耗的增加一直单调地下降。燃耗每增加 10 000 MW·d/tU,熔点相应降低 32 ℃。当燃耗达 52 000 MW·d/tU 时,熔点下降到 2 620 ℃。

14.2.2 二氧化铀的密度

二氧化铀的理论密度、含铀密度和熔点时的密度如表 14-4 所示。

表 14-4 二氧化铀基本参数 单位:g/cm^{-3}

基本参数	密度
理论密度	10.98
含铀密度	9.65
熔点时的密度(固相)	9.67
熔点时的密度(液相)	8.74

用粉末冶金法(压制、烧结)可以把二氧化铀制成所需要的形状和密度,但由于存在一定的气孔率,烧结块的密度总比理论密度低。烧结芯块一般密度为(88%~98%)T.D (Theoretical Density),而压水堆一般使用密度为(2%~97%)T.D 的芯块。而且这些气孔增加了芯块的含水量和残余气体含量,芯块的含水量越高,则燃料棒内的氢源越丰富,造成包壳内部局部氢脆的危险性也就越大。一般认为,二氧化铀芯块的含水量随芯块密度的增加而减小,随开口孔所占百分率增加而增加。

14.2.3 比热和热焓(Heat Content)

许多作者采用量热器下落法测定过二氧化铀的比热和热焓,二氧化铀在 298.15 K 时,比热值为 15.20 卡/克分子·开。在 298~3 100 K 温度范围内,二氧化铀的比热方程式可用下式表示,它由定容比热(C_V)、膨胀比热(C_E)和缺陷比热(C_D)三部分组成:

$$C_P(T)=C_V+C_E+C_D$$

$$=\frac{K_1\theta^2\exp\left(\frac{\theta}{T}\right)}{T^2\left[\exp\left(\frac{\theta}{T}\right)-1\right]^2}+2K_2T+\frac{K_3E_D}{RT^2}\exp\left(\frac{-E_D}{RT}\right)$$

（可信度达 95%，500～3 000 K 的误差为 2%～6%）

把上式积分即得如下热焓方程式：

$$H_T-H_{298}=\iint_{298}^{T}C_P(T)\,\mathrm{d}T$$

$$\approx K_1\theta\left\{\left[\exp\left(\frac{\theta}{T}\right)-1\right]^{-1}-\left[\exp\left(\frac{\theta}{298}\right)-1\right]^{-1}\right\}+$$

$$K_2(T^2-298^2)+K_3\exp\left(\frac{-E_D}{RT}\right)$$

（可信度达 95%，500～3 000 K 的误差小于 1%）

式中 K_1——常数 19.145 0，卡/克分子·开；

K_2——常数 $7.847\ 3\times10^{-4}$，卡/克分子·开；

K_3——常数 $5.643\ 7\times10^{6}$，卡/克分子；

θ——爱因斯坦温度 535.285，K；

E_D——缺陷生成能 37.694 6，千卡/克分子；

T——温度，K；

R——气体常数 1.985 8，卡/克分子·开。

液相二氧化铀的热焓可用如下方程式来表示：

$$\overline{C_P}=\frac{H_T-H_{298}}{T-298}=\frac{32.457T-11\ 153.8}{T-298}$$

式中 H_T-H_{298}——相当于 298 K 的热焓，卡/克分子；

T——温度，K。

平均比热（$\overline{C_P}$）可用下式求得：

$$\overline{C_P}=\frac{H_T-H_{298}}{T-298}=\frac{32.47T-11\ 153.8}{T-298}$$

二氧化铀由固相转变成液相的熔比热为 18.2 千卡/克分子。在影响比热的诸因素当中，氧铀比显著地影响二氧化铀的比热。氧铀比越高比热也越大。

14.2.4 热导率

热导率是二氧化铀最重要的性能之一。其本身数值很低，并受密度和化学计量等诸多因素的影响。

在 4～200 K 之间，单晶和烧结多晶（表观密度为 9.97 g/cm³）二氧化铀的热导率与温度的关系曲线形状趋于一致，在 30.8 K 时两者都观察到热导率最低值。

美国原子能委员会燃料和材料部测定的二氧化铀热导率结果表明：在 1 600～1 700 ℃之间，热导率有一个最小值，约为 0.022 W/cm·℃；在 2 500 ℃时，其值提高到约为 0.034 W/cm·℃。对于不同温度和不同密度的二氧化铀的热导率可按下面的经验公式计算：

温度在 0~1 650 ℃之间：

$$K=\left[\frac{1-\beta(1-D)}{1-0.05\beta}\right]\left(\frac{40.4}{464+T}+5.86\times10^{-5}\exp 2.14\times10^{-3}T\right)$$

温度在 1 650 ℃至熔点之间：

$$K=\left[\frac{1-\beta(1-D)}{1-0.05\beta}\right](0.02+5.86+10^{-3}\exp 2.14\times10^{-3}T)$$

式中 K——热导率，W/cm · ℃；

D——理论密度的百分数；

β——孔隙系数＝2.58－0.58×$10^{-3}T$；

T——温度，℃。

影响二氧化铀热导率的因素：

1. 温度的影响

对于 95%理论密度烧结多晶二氧化铀（$UO_{2.005}$）的热导率可用下式表示：

$$K=\frac{1}{11.75+0.0235T}$$

式中 K——热导率，W/cm · ℃；

T——温度，℃。

据 Stora 的可靠测量表明，在 1 600 ℃时热导率出现最低值，此后随着温度的增加二氧化铀的热导率有增加的趋势。

2. 密度的影响

烧结二氧化铀芯块通常是含有孔隙的陶瓷体。孔隙的存在会显著降低二氧化铀芯块的热导率。一般用 Loeb. A. L 公式来表示孔隙率（或密度）对热导率的影响：

$$K_\rho=K_o(1-P)$$

式中 K_ρ——密度为 ρ 的二氧化铀的热导率，W/cm · ℃；

K_o——密度为理论密度的二氧化铀的热导率，W/cm · ℃；

P——孔隙率百分数。

$$P=1-\frac{\rho}{\rho_{T.D}}$$

式中，β 为孔隙系数。

β 值取决于样品的组织结构，也就是随样品的加工方法而异。国际原子能机构二氧化铀热导小组推荐 β 值为 2.5±1.5。

显而易见，热导率不仅与总的孔隙率有关，而且与孔隙的分布、形态、大小和方向有关。例如，椭圆孔的长轴方向沿径向分布对芯块的热导率影响更大。考虑孔的形状、大小、方向和数量对二氧化铀的热导率的影响，有 Maxwell-Eucken 公式：

$$K_\rho=K_o\frac{1-P}{1+\beta p}$$

式中，β 为孔隙率系数。

β 值主要与孔形有关，J. Belle 等人推荐的 β 值如下：

对于高密度大球形样孔样品（密度大于百分之九十理论密度）β＝0.5；

对于低密度孤立孔的样品 β＝0.7～1.0；

对于低密度连通孔的样品$\beta=1.2\sim1.5$。

A. Biancheria 考虑椭圆孔的形状，建议使用如下的 Maxwell-Eucken 的改进式。

$$K_\rho=K_o\frac{1-P}{1+P(\alpha-1)}$$

式中，α为孔隙形状系数。

α值与椭圆的尺寸大小有关。A. Bbiancheria 推荐的α值如下：

当$0.00\leqslant P\leqslant0.10$时，$\alpha=1.5$；

当$0.10\leqslant P\leqslant0.15$时，$\alpha=2.0$；

当$0.15\leqslant P\leqslant0.20$时，$\alpha=2.4$；

当$0.20\leqslant P\leqslant0.25$时，$\alpha=2.6$。

上述方程式中孔隙修正系数都只考虑室温孔隙的影响，但在样品加温的情况下，芯块的显微结构和密度将发生变化，从而改变了芯块的导热特性。由不同密度的二氧化铀的热导率随温度变化的关系曲线得出密度对二氧化铀的热导率影响低温比高温更为显著。

3. 化学计量的影响

过剩氧的存在增加了中子的散射而阻碍了热的传导，故氧铀比越高，热导率就越低。在低温时，氧铀比引起的热导率的差别尤其显著，随着温度的增加差别越来越小。通常认为：亚化学计量的二氧化铀热导率要比正化学计量的高一些。

4. 辐照的影响

辐照对热导率的影响取决于辐照损伤、裂变产物的产生和释放、肿胀、致密化及微观组织的变化等许多因素。通常认为：在低温（<500 ℃）和低耗能（$<10^{10}$裂变/立方厘米）下，辐照显著降低二氧化铀的热导率。降低的幅度取决于辐照的温度和燃耗。当温度低于 500 ℃时，燃耗在$10^{15}\sim10^{16}$裂变/立方厘米之间，二氧化铀的热导率显著降低；燃耗在10^{18}裂变/立方厘米以上，降低的速率变小；在更高的燃耗下，则趋于不变。在 500~1 600 ℃温度范围内，辐照损伤很快被退火去除，同时芯块致密化补偿裂变气体引起肿胀而增加了孔隙，即使燃耗达到4×10^{19}裂变/立方厘米，辐照也不影响烧结多晶化学计量二氧化铀的热导率。

裂变气体的释放速度随着燃耗的增加而增加，当燃耗超过2.5×10^{20}裂变/立方厘米时，在二氧化铀的基体积累了相当多的裂变气体，随着二氧化铀的氧铀比略有增加，二氧化铀的热导率有些降低，以下是热导率随燃耗变化的数学式，提供了辐照二氧化铀热导率的近似值。

$$K_{辐}=\left(\frac{1}{K_{非辐照}}+\frac{AF}{T}\right)^{-1}$$

式中　$K_{辐照}$——二氧化铀的热导率，W/cm · ℃；

$K_{非辐照}$——非辐照二氧化铀的热导率，W/cm · ℃；

A——常数，W/cm；

F——裂变燃耗，裂变/立方厘米$\times10^{-20}$；

T——温度，℃。

14.2.5　热膨胀

1. 固态的热膨胀

在低温区，通常采用热膨胀仪法（也有用 X—射线法的）测量。在 1 000~2 250 ℃温度

范围内,热膨胀数据方程式表示如下:

$$\frac{\Delta L}{L}=1.723\times10^{-2}+6.797\times10^{-4}T+2.896\times10^{-7}T^{2}$$

式中 $\frac{\Delta L}{L}$——相对于25 ℃的线膨胀;

T——温度,℃。

在2 400 ℃以上,二氧化铀的体积变化可用下面的经验公式表示:

$$V_T = V_o(1 - 9\times10^{-6}T + 6\times10^{-9}T^3 + 3\times10^{-12}T^3)$$

式中 V_T——在温度 T 时的比容,cm^3/g;

V_o——0 ℃时的比容,cm^3/g;

T——温度,℃。

2. 液态的热膨胀

当二氧化铀发生熔化时,相变(由固态变为液态)体积膨胀为7%或10%左右。在液态时(2 800~3 100 ℃之间),二氧化铀的线膨胀系数为 3.5×10^{-5}℃。测量至1 260 ℃,其热膨胀可用下面的数学方程式表示:

$$\frac{\Delta L}{L}=2.148\,1\times10^{-7}T^{2}+8.421\,7\times10^{-4}T-3.028\,9\times10^{-2}$$

式中 $\frac{\Delta L}{L}$——相对于25 ℃的线膨胀;

T——温度,℃。

14.2.6 生成自由能 ΔF

生成自由能可以作为化合物化学稳定性的量度。生成的自由能越负(绝对值越大),化合物分解成它的组成元素或与其他元素发生反应的倾向就越小。由于二氧化铀生成的自由能比碳化铀、氮化铀负得多,所以它在化学稳定性和惰性方面要远胜于碳化铀、氮化铀。由于二氧化铀有突出的化学稳定性和惰性,加之有较高的熔点和辐照时尺寸的稳定性,所以它在核燃料中居于首要地位。

14.3 二氧化铀芯块的力学性能

本节简要地叙述二氧化铀芯块的力学性能,包括:扬氏模量、泊松比、断裂强度及其蠕变主要影响因素。

14.3.1 弹性常数

14.3.1.1 表征物体弹性的四个模量:

E——扬氏模量(正弹性模量);

G——切变弹性模量;

K——体积弹性模量(流体静压力压缩模量);

μ——泊松比。

E、G、K 三个模量分别表示物体在受拉伸、剪切及流体压力压缩下胁强与弹性变形之间的比例关系，它们的因次与胁强相同。μ 无因次，它表示在弹性变形范围内物体在垂直于拉伸方向的收缩应变与物体在拉伸方向的拉伸应变之比。

对于各向同性烧结二氧化铀，四个模量中只要知其二，则其余两个便可由它们之间存在的相互关系直接计算出来。通常测量 E 和 G，K 和 μ 便可直接由下述关系计算：

$$K=\frac{EG}{3(3G-1)};\quad \mu=\frac{E}{2G}-1$$

14.3.1.2 致密的无序多晶二氧化铀在 25 ℃时的弹性模量

致密的无序多晶二氧化铀在 25 ℃的弹性模量如表 14-5 所示。

表 14-5 致密的无序多晶二氧化铀在 25 ℃时的弹性模量

$E/10^8$ Pa	$G/10^8$ Pa	$K/10^8$ Pa	μ
2 305	875	2 127	0.316
2 200	830	2 100	0.325

14.3.1.3 烧结二氧化铀块的扬氏模量 *E*

1. 孔隙率对于扬氏模量 E 的影响

烧结二氧化铀块的密度因为制备方法的原因和使用上的要求（有适量的孔隙包容裂变气体和抗辐照肿胀）总是比理论密度（10.98 g/cm^3）低。化学计量的 UO_2 的扬氏模量 E 随烧结块的孔隙率的增加而直线地减小。因此，烧结二氧化铀块的扬氏模量比致密二氧化铀块低。扬氏模量 E 与孔隙率 P 的关系可以表示为

$$E=E_0\exp(-bP)\qquad E=E_0(1-aP)$$

式中 E——烧结块的扬氏模量；

E_0——致密 UO_2（当 $P=0$）的扬氏模量；

a、b——孔隙率修正系数（与孔隙的形状、大小、分布有关）；

P——孔隙率。

2. 温度对扬氏模量 E 的影响

温度升高，化学计量二氧化铀的扬氏模量直线地减小，有如下关系：

$$E=E_0(1-\alpha T)$$

式中 T——温度，℃；

E_0——温度为 0 ℃时的扬氏模量；

α——温度系数，℃。

3. 扬氏模量 E 作为温度和孔隙率的函数

温度和孔隙率对扬氏模量 E 的影响的一般关系式为

$$E=E_0(1-aP)(1-\alpha T)$$

式中各符号的含义与上两式相同。

以下两个关于 UO_2 块的扬氏模量的计算式被推荐为瓷核燃料元件的设计计算中：

$$E=2.20\times10^{11}\ \text{Pa}(1-2.3P)[1-0.92\times10^{-4}(T-298)]$$

式中 T——温度，K；

$P\leqslant0.3$（对于近似球形的孔隙）。

$$E=2.26\times10^{11}\ \mathrm{Pa}(1-1.13\times10^{-4}T)[1-2.62(1-D)]$$

式中 T——温度,℃(0~1 300 ℃);

D——烧结 UO_2 的密度,%TD。

4. 氧铀比对扬氏模量 E 的影响

氧铀比增加,扬氏模量减小。氧铀比对扬氏模量 E 的影响归结于两个方面:一方面晶格常数的变化;另一方面 UO_{2+X} 中生成了第二相(U_4O_{g-y})。UO_{2+X} 的扬氏模量可按下式计算:

$$E=19.8\times10^4\exp(-1.527X)\ \mathrm{N/mm^2}$$

式中,X 为过剩氧。当氧铀比从 2.00 增至 2.16 时,E 值约降低 22%。

14.3.1.4 室温泊松比和泊松比作为温度的函数

致密 UO_2 室温时的泊松比为 0.316,当 $P<0.1$ 时,孔隙率对 μ 的影响很小。μ 值与温度变化的关系式为:

$$\mu=0.325-1.325\times0.98\times10^{-4}(T-298)$$

14.3.2 断裂强度

14.3.2.1 断裂特性

二氧化铀的断裂特性可以分为三个温度区来说明:

低温($T<T_c$)区,断裂应力小于屈服应力,故为脆性断裂。断裂形式是穿晶的,裂纹是从缺陷(烧结气孔)扩展而成的。T_c 为脆性—延性断裂转变温度,约为绝对熔点的二分之一,T_c 随应变速率和晶粒度的增加而增高。

中温($T_c<T<T_t$)区,断裂应力大于屈服应力,断裂之前就已发生了变形,故为延性断裂。

高温($T>T_t$)区,强度持续下降,断裂前的变形增大,断裂完全是延性断裂,并且是晶间断裂。T_t 称为中温区到高温区的转变温度,它是在弯曲试验中,极限拉伸应力显著降低时的温度。

14.3.2.2 断裂强度

1. 断裂(弯曲)强度作为晶粒度、孔隙率和温度的函数

断裂强度与晶粒度、孔隙率之间的关系符合以下的经验公式:

$$S=KG^{-a}e^{-bp}$$

式中 S——弯曲断裂强度;

G——晶粒度;

P——孔隙率,体积百分数;

a、b、k——经验常数,由试验确定。

此公式说明弯曲断裂强度主要是取决于晶粒度、孔隙率、温度三个主要因素。

2. 氧铀比对弯曲断裂强度的影响

氧铀比为 2.0 和 2.16 的二氧化铀的弯曲断裂强度分别为 8 800 和 11 400 lb/in²①。试验具有相同的晶粒度,孔隙率为 5%。

总之,影响断裂强度的因素很多。属材料自身的因素有晶粒度、孔隙率(特别是孔隙的大小、形状和分布)、杂质(数量、颗粒大小、分布)、氧铀比等。属测量条件的因素有温度、应

① 1 $\mathrm{lb/in^2}$ = 6 894.757 Pa。

变速率、气氛等。关于二氧化铀的断裂强度,如要求精确的计算,只好进行实测;如果是一般要求,推荐二氧化铀的低温断裂强度(弯曲)取 150×10^{6} Pa。

14.3.3 蠕变特性

14.3.3.1 影响二氧化铀稳态蠕变速率的因素

影响二氧化铀稳态蠕变速率的因素很多,一般可以用下述参数的函数表示:

$$\dot{\varepsilon}=f(\sigma,T,D,G,X,i,O,F)$$

式中 $\dot{\varepsilon}$——蠕态蠕变速率;

σ——应力;

T——温度;

D——密度;

G——晶粒度;

X——氧铀比;

i——杂质及掺杂物;

O——晶粒的择优取向;

F——裂变速率。

14.3.3.2 整比化学计量的稳态蠕变

1. 堆外稳态蠕变的计算模型

化学计量二氧化铀堆外的稳态蠕变速率的计算模型为

$$\dot{\varepsilon}=\frac{A_1\sigma\exp(-Q_1/RT)}{(A_2+D)G^1}+\frac{A_1\sigma^{4.5}\exp(-Q_1/RT)}{A_4+D}$$

式中 $\dot{\varepsilon}$——稳态蠕变速率,in①/in · h;

Q_1——激活能,90 000 卡/克分子;

Q_2——激活能,132 000 卡/克分子;

$A_1=9.728\times10^{6}$;

$A_2=-87.7$;

$A_3=1.376\times10^{-4}$;

$A_4=-90.50$;

σ——压缩应力,lb/in^2(1 000~15 000 lb/in^2);

R——气体常数,1.896 卡/克分子 · K;

T——温度,K(1 713~2 033 K);

D——密度,%T. D(92.0~98.0 %T. D);

G——晶粒度,μm(4~35 μm)。

式中右端第一项表示在低应力范围内以空位扩散和晶界滑移为蠕变机理的稳态蠕变速率。它的特征是蠕变速率正比于应力的一次方,反比于晶粒度的平方。式中的第二项代表以错位攀移机理作用的稳态速率,其蠕变速率与应力成幂指数关系,所以有时又叫幂定律蠕变。它的特征是蠕变速率正比于应力的 4.5 次方,也不再是晶粒度的函数。在应力高

① 1 in=2.54 cm。

于转变应力 σ_T 时,位错攀移机理起作用。σ_T 按下式计算:

$$\sigma_T = 24\ 000\ G^{-0.5714}\ \text{lb/in}^2$$

通过系统的蠕变试验,结果表明计算的稳态蠕变速率和试验实测的稳态蠕变速率之间有如下的关系:

$$\dot{\varepsilon}_{\text{实测}} = \dot{\varepsilon}_{\text{计算}} \pm 32\%\ \dot{\varepsilon}_{\text{计算}}$$

2. 堆内稳态蠕变速率的计算模型

如下的稳态蠕变速率计算模型使用在计算机程序里,用来估计二氧化铀燃料在堆内的尺寸变化:

$$\dot{\varepsilon} = \frac{(A_1 + A_5 \dot{F})\sigma \exp(-Q_1/RT)}{(A_2 + D)G^2} + \frac{A_3 \sigma^{4.5} \exp(-Q_2/PT)}{A_4 + D} + A_6 \sigma \dot{F} \exp(-Q_3/RT)$$

式中 $A_5 = 3.24 \times 10^{-2}$;

$A_6 = 9.24 \times 10^{-28}$;

$Q_3 = 5\ 200$ 卡/克分子;

$\dot{F}$——裂变速率($8.4 \times 10^{17} \sim 1.18 \times 10^{20}$ 裂变次数/立方米·秒)。

其他符号的意义和数值与前式相同。

裂变对蠕变的影响包括对热蠕变(第一、第二)的加速(裂变产生点缺陷加速热蠕变)和裂变蠕变(第三项)两个方面。

14.3.3.3 超化学计量的二氧化铀的稳态蠕变

氧铀比增加,稳态蠕变速率增大;但氧铀比的增加并不改变蠕变机理。超化学计量的二氧化铀的稳态蠕变速率用下式表示:

$$\dot{\varepsilon} = A\sigma f_1(x) G^{-2} \exp\left[\frac{Q_1(x)}{RT}\right] + B\sigma^n f_2(x) \exp\left[\frac{Q_2(x)}{RT}\right]$$

式中 A、B——常数;

n——应力指数;

$f_1(x)$、$f_2(x)$——过剩氧的某种函数;

$Q_1(x)$、$Q_2(x)$——过剩氧为 x 的蠕变激活能。

蠕变激活能随 X 的增加而减小。$Q_1(x)$、$Q_2(x)$ 随过剩氧的变化关系式为:

$Q_1(x) = 50.02 + 43.63\exp(-863.3x)$ 千卡/克分子;

$Q_2(x) = 57.35 + 79.25\exp(-368.9x)$ 千卡/克分子。

14.4 二氧化铀的辐照肿胀和裂变气体的释放

二氧化铀在裂变过程中产生的固体和气体的裂变产物会引起燃料的辐照肿胀,使燃料芯块的径向尺寸增大,引起燃料与包壳的互相作用;裂变中产生的气体在运行过程中会释放出来,充满元件棒的空腔和间隙,从而增加棒的内压、间隙、热阻和燃料的中心温度。辐照肿胀和裂变气体释放是影响元件运行特性和安全工作的两项重要性能。

14.4.1 裂变产物的基本特征和物理过程

裂变产物分为固体和气体。固体裂变产物可呈氧化物和金属元素状态,氧化物主要有钇(Y)、稀土元素、铌(Nb)、锆(Zr)、钼(Mo)、钌(Ru)、锝(Tc)、铑(Rh)、钯(Pd)。气体或蒸汽主要有氙(Xe)、氪(Kr)、铯(Cs)、铷(Rb)、碘(I)、碲(Te)。

辐照肿胀和裂变气体释放中起主要作用的是 Xe 和 Kr 的稳定同位素，Xe 和 Kr 在 UO_2 中溶解度很小，辐照肿胀和裂变气体释放取决于裂变气体在各个时期的物理过程的组合效应。主要的物理过程：

(1)裂变过程中气体 Xe 和 Kr 的产生，并做扩散运动；

(2)气泡的形成(成核)；

(3)由于扩散运动裂变气体原子进入气泡，引起气泡长大；

(4)气泡中裂变气体原子的重新溶解；

(5)气泡的移动；

(6)在无序或者定向运动中气泡的结合；

(7)扩散原子或气泡与燃料的晶体缺陷相互作用和被俘获。

14.4.2 固体裂变产物引起的辐照肿胀

燃料裂变后放出的固体裂变产物嵌在基体里引起晶格变形，即辐照肿胀，它与裂变气体气泡引起肿胀的显著差别在于与温度无关，只是裂变次数或燃耗的线性函数。

固体裂变产物可分四类：

(1)溶解裂变产物，以氧化物存在的 Y、稀土元素、Nb、部分 Zr，在 UO_2 中能很好溶解；

(2)金属嵌入物，有 Mo、Ru、Tc、Rh、Pd 等裂变产物；

(3)碱土氧化物嵌入物，这一类是 $BaZrO_3$、$SrZrO_3$；

(4)其他裂变产物，这一类包括 Cs、Rb、I、Te 和一些产额很小的元素。

14.4.3 由反撞和击出机理引起的裂变气体释放

燃料在低温下(<1 000~1 200 ℃)的裂变气体释放是由这一机理引起的。在燃料的表面层内(~10μ)，裂变碎片 Xe、Kr 从裂变原子反撞出来，经过一些碰撞后仍有足够的能量直接逸出表面；更可能的是裂变碎片所经之处，产生裂变变穗，经过弹性碰撞、能量传递，产生一次或高次的击出气体原子，它们在极薄的表面层下能逸出表面。

14.4.4 高中温肿胀和裂变气体释放的机理

国外用原子扩散模型和气泡活动模型来解释肿胀与裂变气体释放和机理。

1. 原子扩散模型

扩散模型认为晶内和晶界气泡是不运动的，晶界收集气体依靠原子在基体中的扩散，由于辐照重溶的作用，晶内有大量的平衡气体原子存在，原子到达晶界后气泡成核、长大、连成隧洞，但不能移动。晶界上的气泡引起燃料的肿胀，当隧洞连成网与自由表面或微裂纹相通，气体就释放，释放速率决定于原子在基体内的扩散系数。由于晶界上布满气泡，当功率升降时，热应力燃料容易在晶界上裂开，因此裂变气体就能顿时释放出来。

2. 气泡活动模型

气泡活动模型认为气泡的运动起主要作用，气体原子的扩散运动是很小的，原子都俘获在气泡内，气泡可作无序布朗运动或定向运动，运动中气泡可结合长大。气泡活动模型提出气泡先被位错俘获，气泡不断长大直到临界尺寸，在温度梯度力的作用下能脱开位错向前移动,进入晶界,长到更大临界尺寸就能脱离晶界,继续移动,穿过晶界到达微裂纹或者热端自由表面而释放。释放前在各种状态下的气泡都将引起肿胀,一旦裂变气体释放,肿胀就达到饱和。

扩散理论更适合于低中温,气泡活动理论更适用于中高温。

14.4.5 肿胀与裂变气体释放的影响因素

UO_2 燃料在运行过程中根据微结构组织可分成三区:>1 700 ℃为柱状晶粒长大区,1 400~1 700 ℃为等轴晶粒长大区,<1 400 ℃为晶粒不变区,在这些区域,肿胀与释气行为很不一样。肿胀与释气是互有联系的性能,留在燃料中的气体多了,肿胀就增加;当释气的份额大了,肿胀就小了。微观组织表明,低燃耗时晶界上凸形气泡与隧洞引起的肿胀相当,燃耗大时,后者起主导作用,当肿胀达5%~10%时,晶界形成隧洞网,裂变气体开始释放。

肿胀与裂变气体释放的影响因素主要有以下几种。

1. 燃耗

低温时(1 000~1 500 ℃)肿胀与燃耗呈直线关系,速率为(0.4%~1.0%)$\times10^{-20}$ f/cm^3,大部分为0.7%$\times10^{-20}$ f/cm^3,高温时很快达到饱和。

裂变气体释放随燃耗以自然指数关系增加,最后达到饱和。

2. 温度

温度对肿胀和释气的影响是很明显的,温度越高,体积变化越大,在1 200~1 300 ℃温度期间有最大辐照肿胀。

温度越高,释气份额越大。

3. 比功率和功率变化

比功率越大,中心温度越高,释气份额越多。

开始为稳定的高功率,以后为低功率或是高功率循环,释气份额是一样的;原先的高功率的运行不增加以后低功率条件下的释气。

4. 温度梯度

温度梯度对于气泡的运动作用很大,较低温度下,温度梯度大于才有影响,高温梯度10~10^3℃/cm 范围影响较大。

5. 裂变速率

一般说,裂变速率大了,相应的辐照缺陷多了,气体原子被俘获的概率高了,同时,气泡重溶的概率也增大。裂变密度对于肿胀的影响主要在中温阶段,而低温(1 000 ℃以下)或高温(1 700 ℃以上)时由于气泡活动力太小或太大,裂变速率10^{12}~10^{14} f/$cm^3\cdot s^{-1}$,没什么影响。

6. 密度

密度小,孔隙变大,肿胀小,裂变气体释放大,可能一部分肿胀被原孔隙抵消了,而开口多则裂变气体易释放出来;也可能是由于密度小,温度增高,晶粒长大,释气增加,肿胀相应减小。

7. 晶粒度

高温下(1 600 ℃),晶粒尺寸对释气和肿胀无影响,较低温度下(1 000 ℃,1 300 ℃)晶粒尺寸对释气和肿胀是有影响的。

14.4.6　工程设计中的肿胀与裂变气体释放

工程设计中采用的肿胀和裂变气体释放数据大致可分为两类：一类是按理论模型选择合适的参数导出的理论公式，一种是原子扩散模型，一种是气泡活动模型；另一类是根据大量试验数据归纳出来的经验公式，一种按平均条件（平均热功率或平均温度），一种按局部运行条件（温度分区）。

14.5　二氧化铀抗水腐蚀性及与材料的相容性

14.5.1　抗水腐蚀性

二氧化铀比金属铀、碳化铀和氮化铀有更好的抗水腐蚀性能。

14.5.1.1　在水中的腐蚀

1. 在静态水中的腐蚀

二氧化铀芯块在温度至少高达 300 ℃的去氧水中有良好的抗水腐蚀性，无论是冷压烧结块还是热压块都能耐 343 ℃中性和高 pH 值（pH ＝10.5）的水的浸蚀；相比之下，冷压烧结块比热压块的抗水腐蚀性能好；当温度继续增高时，二氧化铀的抗水腐蚀性显著变差。

虽然高温（343 ℃）去氧水和二氧化铀几乎不发生反应，但当水中含氧会促使二氧化铀氧化成八氧化三铀，即使在很低的温度（87 ℃）仅几天就被氧化了，而且氧化的速率随着温度的增加而迅速地增加，与含氧水反应的反应式为：

$$3UO_2+H_2O+O_2 \longrightarrow U_3O_8+H_2O$$

氧化锆、氧化铍、氧化铝、氧化铬和氧化铌等许多杂质对二氧化铀在水中的稳定性几乎没有影响。但是，二氧化铀吸收 50~350 ppm① 的碳含量，它将在 360 ℃水中将产生破碎。

2. 在流动水中的腐蚀

在 525 ℉②的无氧流动水中，流速高达 24 in/s，二氧化铀块几乎不受浸蚀；和静态水腐蚀一样，氧能使流动水的二氧化铀块浸蚀速率增加，高 pH 值的含氧流动水也使浸蚀速率增加。

14.5.1.2　在水蒸气中的腐蚀

1. 在静态水蒸气中的腐蚀

二氧化铀块在水蒸气中也是很稳定的，它能长期经受 400 ℃、2 000 lb/in^2、除气的水蒸气的腐蚀。

氧也是加速蒸汽腐蚀的因素。

2. 在流动水蒸气中的腐蚀

二氧化铀在蒸气中的氧化是受氧在二氧化铀晶格中的扩散速度控制的。氧的存在显著地抑制二氧化铀同水蒸气的氢化。在燃料组件中有比二氧化铀更活泼的金属（包壳材料）的存在，所以二氧化铀的腐蚀并不明显。

---

① 1 ppm＝10^{-6}。

② ℉＝(9/5×℃)+32。

14.5.2 与材料的相容性

一般说化学稳定性越好，相容性就越佳。由于二氧化铀生成的自由能较低，所以与碳化铀、氮化铀相比，二氧化铀的化学稳定性比较好，与其他许多材料有良好的相容性。

14.6 高活性 UO_2 粉末制备与芯块制造

14.6.1 UO_2 粉末制造

核级可烧结二氧化铀粉末是制备陶瓷二氧化铀芯块的重要原料，它的质量直接影响着陶瓷二氧化铀芯块的质量。

二氧化铀粉末的制备多采用富集的六氟化铀 UF_6 为原料。另一种可能的原料是硝酸铀酰 $UO_2(NO_3)_2$ 溶液。

从 UF_6 或 $UO_2(NO_3)_2$ 溶液制备二氧化铀，可采用湿法经过三碳酸铀酰铵 $(NH_4)_4[UO_2(CO_3)_3]$ 中间产物。先把 UF_6 用蒸汽加热到 100 ℃左右，变成气态。将升华的 UF_6 气体（或 $UO_2(NO_3)_2$ 溶液）、NH_3 和 CO_2 送入水解沉淀反应器，同时将浆液不断搅动，沉淀出 $(NH_4)_4[UO_2(CO_3)_3]$。搅动会把沉淀物的边和角磨圆，这种形态以后几乎不变。用真空过滤器把沉淀产物分离出来，经过饱和碳酸酰铵溶液的洗涤，再用压缩氢气把含水约 2%～6%的沉淀物吹送到流态化床反应炉中，由于高温（550 ℃以上）下氢气的还原作用，而直接得到二氧化铀粉粒，而无须预先干燥或煅烧：

$$(NH_4)_4[UO_2(CO_3)_3]+H_2 \longrightarrow UO_2+4NH_3\uparrow+3CO_2\uparrow+3H_2O$$

这就是三碳酸铀酰铵（AUC）法。

另一种湿法重铀酸铵（ADU）法是将气体 UF_6 溶解于水中，使它水解为氟化铀酰 UO_2F_2，再通氨水沉淀出重铀酸铵 $(NH_4)_2U_2O_7$。经过过滤、用水洗涤和干燥煅烧，生成三氧化铀 UO_3，反应方程式为

$$(NH_4)_2U_2O_7 \longrightarrow 2\,UO_3+2NH_3\uparrow+H_2O$$

最后用氢气还原，得到二氧化铀粉末：

$$UO_3+H_2 \longrightarrow UO_2+H_2O$$

瓶装 UF_6 在常温下易挥发，通常加热到 56 ℃时升华成气体，0.15 MPa 和 64 ℃时出现固、液、气三相共存状态。当瓶料在一定温度下加热汽化，打开容器出料阀，UF_6 气体经保温导气管进入水解槽，与连续加入的纯水发生化学反应生成氟化铀酰和氟化氢的水溶液（水解液），并从水解槽溢流入贮槽，再用泵送往配液槽，稀释到规定铀浓度。氟化铀酰与稀氨水分别通过流量计进入Ⅰ级沉淀反应槽反应后，反应液经溢流管与浓氨水一道进入Ⅱ级沉淀反应槽，再次反应生成 ADU 浆液。此浆液经溢流管流入老化槽老化。老化后的 ADU 浆液经溢流进入离心机过滤，同时经流量计加入纯水进行洗涤，离心过滤的滤饼自流入料浆槽。滤液自流入贮槽，由磁力驱动泵压入微孔过滤器进行过滤。过滤后的清液流入贮槽，由磁力驱动泵送吸附处理，微孔过滤器的滤渣由压空反吹入老化槽搅匀后，进入离心机过滤。料浆槽的 ADU 湿浆由螺旋供料器送入干燥器进行干燥，ADU 干粉随气流进入旋风分离器分离。沉淀工序生产的 ADU 粉末经检验合格后，采用负压输送进入还原炉。物料靠炉筒的倾角和炉筒的转动缓慢向前移动，同时在一定温度下与炉内的 H_2 和 H_2O（水蒸气）作

用,发生分解、还原、脱氟反应。刚还原出来的 UO_2 粉末在一级振动床入口处一定比例通入压空和氮气,并控制一定的进口温度,让刚还原出来的粉末在稳定化振动床内进行预氧化。然后筛分出去粉末中的粗颗粒,筛下物和经破碎研磨过的筛上物再放箱混料器里进行合批均匀化。均匀化使批粉末性能均匀一致,从而保证了芯块制备工艺的稳定性。

干法一步法(integrated dry route,IDR)使用液态化床不经中间产品,把 UF_6 气体直接转化为二氧化铀粉末,即 UF_6 汽化—气相水解—脱氟还原—稳定化—筛分—均匀化,以获得合适的物理特性和化学特性的可烧结核级二氧化铀粉末。

其反应方程式为

$$UF_6+H_2+2H_2O\longrightarrow UO_2+6HF\uparrow$$

UF_6 气体同水蒸气一道,进入作为流态化学反应器的倾斜回转炉,在受到分段控制的适当温度下,与逆向流动的氢气起化学反应,生成陶瓷级二氧化铀粉末,由回转炉低段卸出,装入运输容器。从 UF_6 制造 UO_2 烧结芯块的工艺如图 14-1 所示。

上述三种方法的主要区别在于如何把 UF_6 或 $UO_2(NO_3)_2$ 转化为可烧结的二氧化铀粉末,随后的压坯和烧结工艺三者基本相同。ADU 法开发较早,同时适应 UF_6 和 $UO_2(NO_3)_2$ 两种原料,加工过程产生废品、废料无须设置另外的回收工艺;缺点是流程长,废液处理量大,沉淀物的含氟量高,二氧化铀粉末的流动性差,加工性能欠佳,致使芯块成品率较低。AUC 法的转化阶段工序较少,沉淀物的含氟量低,所得二氧化铀粉末的流动性,芯块成品率较高。IDR 法具有流程短、生产率高、废液处理量小、铀的直接回收率高、环境污染轻等优点,但所制备的二氧化铀粉末粒度很细,流动性差。且只适用于 UF_6 转化,不能处理 $UO_2(NO_3)_2$ 返料。目前中核集团燃料组件二氧化铀粉末生产主要用 ADU 法和 IDR 法。

14.6.2 UO_2 芯块制造

从二氧化铀粉末制造芯块采用类似一般陶瓷的制造工艺,通过烧结来提高产品的密度和强度。但须严格控制各道工序的工艺参数,以获得合乎质量标准的成品。主要工序包括配料混合、预压制粒、球化、成型、烧结、磨削。

14.6.2.1 配料混合

粉末混合是成型前的重要工序,它既是最终芯块密度调节的重要措施,也是控制芯块微观结构的重要手段,因此混合工艺的质量水平,不仅影响成型过程和压坯的质量,而且会直接影响烧结过程的进行和制品的最终质量。采用轨道螺旋式混料器(俗称单锥)进行粉末混合,混合时,除了粉末以外,参加混合的粉末有回收的 U_3O_8 粉末、造孔剂和作为润滑剂的硬脂酸锌粉末。

14.6.2.2 预压制粒

采用干式制粒技术,即把混合好的粉末先预压成饼状,然后破碎成粒,故又称预压制粒。预压饼的厚度及饼的密度是重要的参数,当然也与各批粉末性能直接相关。也就是说,最终制粒率的高低主要取决于原始粉末的性能及预压饼的密度、厚度等。

14.6.2.3 球化

制粒后的粉末颗粒呈多棱状,经过球化处理后,粉末颗粒趋于球状化,粉末的流动性明显变好。在球化之前还要添加一定量的硬脂酸锌粉末作为内润滑剂,并使之涂敷于 UO_2 粉末颗粒表面,可以改善成型过程粉末颗粒之间的内摩擦,有利于粉末颗粒之间的黏结与啮合,最终降低因内应力带来的各种生坯缺陷。但硬脂酸锌粉末的添加量一般不超过 0.3%。

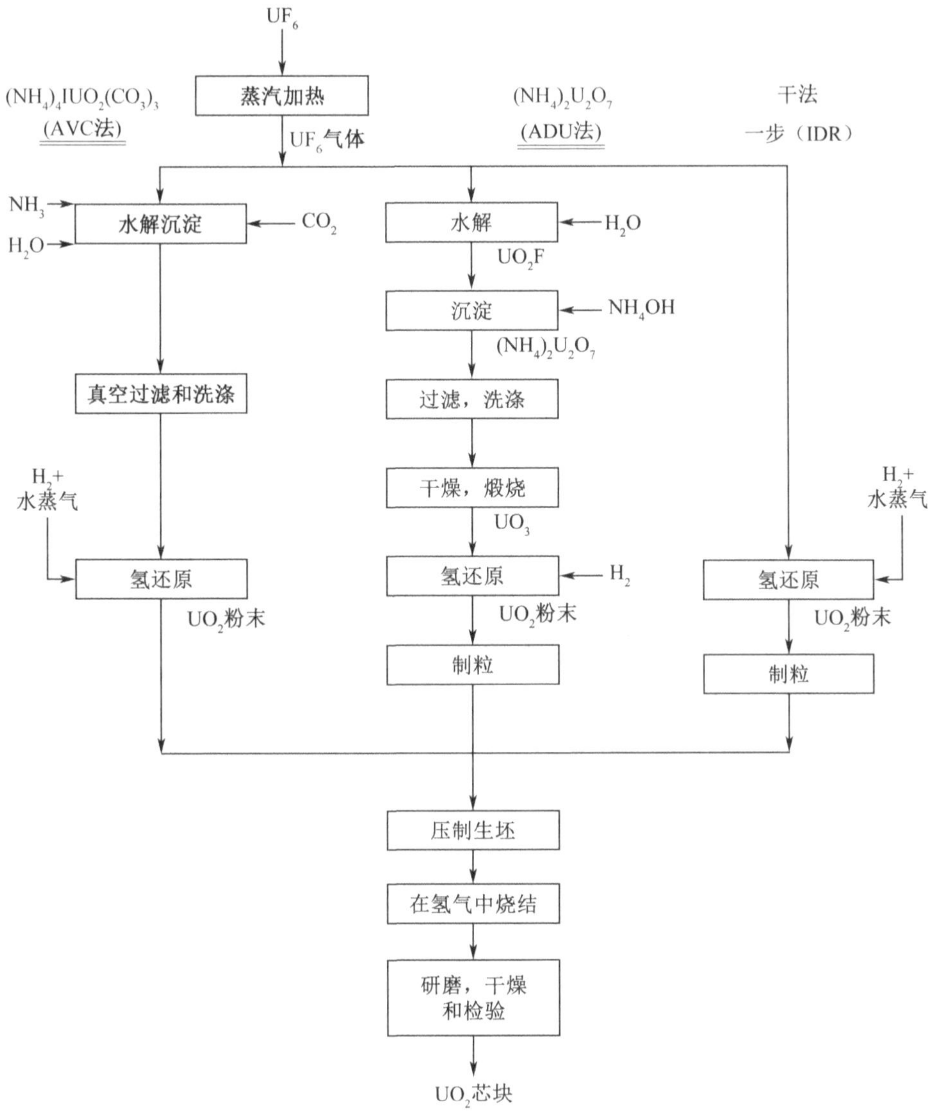

图 14-1 从 UF_6 制造 UO_2 烧结芯块的工艺

14.6.2.4 成型

将球化后的粉末通过旋转压机自动压成具有一定几何形状、几何尺寸、密度和强度的生坯。

14.6.2.5 烧结

烧结在烧结炉中进行，烧结温度 1 750 ℃以上。最终整个 UO_2 芯块烧结体成为晶体结构，并获得足够的密度和强度。

14.6.2.6 磨削

磨削工序是芯块制造的最后一道工序。由于生坯在烧结过程不可避免地会发生不均匀收缩，为了保证最终芯块严格的尺寸公差，烧结芯块都要经无心磨床做一次外圆削。

14.6.2.7 芯块质量控制

不是任何二氧化铀粉末都适合烧结。与烧结工艺、成品质量和辐照稳定性关系最大的因素是下列一些粉末特性:颗粒大小和相应的比表面积(m^2/g)、氧铀比、杂质含量。这些特性在很大程度上同制备二氧化铀粉末所用的原料和方法有关,如沉淀、洗涤、干燥和煅烧的条件,还原的介质、温度和时间等。

氧铀比对裂变气体释放量和热导率有很大影响,要求二氧化铀具有化学计量值,也就是说,烧结芯块的氧铀比应该控制在 2.00±0.02 范围内。刚还原的二氧化铀粉末具有化学计量值,但在空气中放置不久即氧化,使氧铀比超过 2。粉末的粒度越细,氧化就越快(小于 0.1 μm 的粉末会在空气中着火燃烧成 U_3O_8)。通常使用氧铀比为 2.1±0.05 的二氧化铀粉末为原料。

含碳量高特别有害,因为碳在 1 800 ℃高温下会同二氧化铀起反映,产生碳化铀,而使芯块的密度和耐水性能大大降低。此外,对热中子吸收截面大的元素均须加以限制,例如硼和镉的含量不允许超过 2×10^{-7}。

粉末的粒度越细,即比表面积越大,越容易烧结成高密度的芯块。在压制生坯前,粉末中需加进少量(1%~2%)的黏结剂,以保持粉末在生坯中的稠度。还要加入少许(0.2%~1%)润滑剂以防止生坯同压模黏连和减少对压模的磨损。粉末的流动性不够时,须将粉末预压成块,再粉碎、筛分,使粒度均匀(80%<1 μm,比表面积≈3 m^2/g),或按一定比例配合,以改善流动性。用 AUC 法制备的二氧化铀粉粒有良好的流动性,保证总能填满压模,无须经过制粒和加入辅助物料就可直接压坯。

在含有少量氢气的氩气气氛,将二氧化铀粉末装入具有碳化钨衬里的压模。专门的机械压机或水压机,能迅速压出具有所需密度的大量芯块生坯。机械压机每次都是压缩到同样体积,因此装填到压模的料量要特别准确,如有波动,就会压出不同密度的生坯,以后烧结出来的密度也不相同。水压机是按恒定的压力工作,压出的生坯密度一致,装料量不准仅造成芯块高度的偏差。但机械压机比较便宜、好用,压坯时施加的压力可以是 2~8 t/cm^2,压出的生坯密度约为 6~7 g/cm^3。

生坯在烧结前须置于专用炉(或连续烧结炉的预热段)内加热至 400~800 ℃,并保持数小时,以去除黏结剂和润滑剂。炉内应通入湿氢气(或裂解氨)或二氧化碳,把从有机黏结剂分解出来的碳分氧化掉,以免芯块含碳量过高。

烧结是关键的工序。对烧结密度有影响的因素很多:粉末的粒度、氧铀比、水分、压坯时施加的压力、烧结的气氛、温度和时间。为达到所要求的烧结密度,在烧结过程中需优选这些条件。生坯烧结时会发生显著的收缩(密度增高),由于芯块的尺寸和密度的公差很小,这种收缩必须精确控制。就是说,生产过程的每道工序必须在完全相同的条件下进行。

为了保证 UO_2 的化学计量值,烧结应在还原气氛中进行。通常在干燥的氢气或裂解氨中,在 1 500~1 750 ℃的高温下进行烧结。如在氢气中掺水蒸气或采用纯水蒸气作为烧结气氛,可降低烧结温度 100~400 ℃,但需附加氢还原工序。烧结芯块的晶粒>1 μm,密度可达到 10.0~10.6 g/cm^3,即理论密度的 92%~97%,相当于含有 3%~8%的残留气孔。这些直径可从 10 μm 到 0.1 μm 或更小的微气孔,多数封闭在晶体结构内,不同外界相通。其大小、分布情况和容积对燃料辐照性能的影响很大。如制成芯块的密度太高,可加入造孔剂以提高孔隙度,造孔剂是在低温下分解为无害气体的化合物,从而在晶体结构中留下更多的热稳定气孔。千万不要用烧结欠火候的方法来控制密度,那样会引起芯块密实化的不良后果。

芯块与包壳的间隙直接受芯块直径公差的影响。间隙微小差别(≈25 μm)会引起芯块温度和裂变气体释放量的很大变化。在精确控制的恒定条件下制得芯块的直径公差只能达到大约±50 μm,大于现代反应堆所要求的±(10~25) μm。此外,芯块表面粗糙度也会影响芯块包壳接触时的热传导。因此,芯块必须用无心磨床的碳化硅或金刚石砂轮研磨到最终尺寸。芯块研磨后经过水洗和干燥,同时把有缺陷(掉边、掉角、裂纹和其他表面缺陷)的芯块挑出,然后进行一系列的抽样检验,包括:

(1)直径、高度及端面碟形、肩宽与直角度的测量;

(2)芯块密度和当量氢含量的测量;

(3)在抛光、蚀刻后做晶粒结构和气孔分布的微观检验;

(4)杂质元素的化学分析及含铀量、含碳量、含氟量、含氮量、氧铀比的测量;

(5)铀的同位素富集度分析;

(6)表面光洁度检查;

(7)在某些情况下,作高压釜腐蚀试验。

二氧化铀芯块的高质量不能单靠产品检验来保证,更重要的是日常连续的工艺控制。

第 15 章　锆合金性能

锆的热中子吸收截面小,耐水腐蚀性能好,在高温水中生成的保护性氧化膜质地致密、附着力强,在压水堆的温度、压力下有足够强度,目前被广泛应用于各种水冷堆。

15.1　锆合金的化学性能

15.1.1　锆合金的主要成分

表 15-1 是美国和西德的 Zr-4 合金的主要成分。

表 15-1　Zr-4 合金的主要成分

合金元素（质量百分含量）/%	Zr-4	
	美国	西德
Sn	1.20~1.70	1.20~1.70
Fe	0.18~0.24	0.18~0.24
Cr	0.07~0.13	0.07~0.13
Ni	≤0.007	≤0.007
Fe+Cr+Ni	0.28~0.38	
Fe+Cr		0.28~0.38

15.1.2　锆合金的杂质含量

表 15-2 是国际通用标准中锆合金杂质含量标准。

表 15-2　国际通用标准中锆合金杂质含量标准　单位:ppm

杂质元素	ASTM 标准	美国军用标准	美国通用电气公司核级规范	西德 VDM 公司标准	杂质元素	ASTM 标准	美国军用标准	美国通用电气公司核级规范	西德 VDM 公司标准
Al	75	75	75	75	W	100	100	100	100
B	0.5	0.5	0.5	0.5	U	3.5	3.5		3.5
Cd	0.5	0.5	0.5	0.5	Ca			30	20
C	270	270	500	270	Li				0.5
Cl	20		50	20	Mg		20	20	20
Co	20	20	20	20	Mo		50		50
Cu	50	50	50	50	Na		20	100	20

表 15-2(续)

杂质元素	ASTM标准	美国军用标准	美国通用电气公司核级规范	西德 VDM公司标准	杂质元素	ASTM标准	美国军用标准	美国通用电气公司核级规范	西德 VDM公司标准
Hf	200	200	200	100	P				25
H	25	25	80	25	O	a		1 500	1 500
Pb	130	130	130	130	V			50	50
Mn	50	50	50	50	Zn			100	30
N	80	80	100	80	Si	120	120		120
Ti	50	50	50	50					

a:买主与制造厂协商。

15.2 锆合金的物理性能

15.2.1 锆合金的相变

15.2.1.1 熔点

锆合金的熔点低于纯锆的熔点(1 852 ℃±10 ℃),锆合金中铁、锡、铬降低了 Zr-Sn 二元合金的固相线温度,大约每加入 0.1%的溶质的原子可降低熔点 70 ℃,在锆合金中,各种溶质的影响不能叠加,应分别确定。

15.2.1.2 熔化热

锆合金的熔化热在一定程度上取决于它的成分和氧化的程度,锆合金的熔化热与锆的熔化热(4.9 千卡/克分子)差不多。

15.2.1.3 同素异形体转变

锆及锆合金有同素异形转变,α 相为密集六方结构,β 相为体心立方结构。

Zr-4 合金的 α 相到 β 相的转变温度范围较宽,从 1 083.15 K 开始,在 1 243.15 K 结束。

虽然锆合金有同素异形转变,但不能用热处理的方法来提高其机械性能,而冷加工对提高锆合金的屈服强度、抗拉和蠕变强度是有效的。

15.2.2 热学性能

15.2.2.1 比热

Zr-4 合金的比热是在一个等温量热器中利用下落法测出的,其测量结果直到 1 050 ℉左右是可以保证的,超过 1 050 ℉ Zr-Sn 溶解度就会发生变化,因而数据就会有误差,这种等温测量法对相变是不敏感的。

15.2.2.2 热导

Scott 报告了温度为 80 ℃到 790 ℃的 Zr-4 合金的热导率,利用最小二乘法近似这些数据可得到下面的关系式:

$$K=7.97+0.00316T$$

式中 K——热导率(英热单位/h · ℉);

T——温度,℉。

表 15-3 不同温度下 Zr-4 合金的热导率

温度/℃	100	200	300	400	500	600	700	800	850
Zr-4 热导率/[W·(cm·℃)]	0.136	0.143	0.152	0.164	0.180	0.201	0.225	0.252	0.266

15.2.2.3 发射率

辐射热导率与燃料元件表面发射率成正比。燃料元件表面的发射率决定于锆合金氧化膜的厚度。在反应堆正常运行早期形成的黑色的次化学计量的氧化膜和后期形成的化学计量的白色氧化膜有着明显不同的发射率性质。

15.2.2.4 氧化锆膜的热导

从燃料芯块到冷却剂的传热,部分取决于燃料元件表面所形成的氧化膜的热阻,要精确地预示燃料元件的温度分布,需要知道氧化锆膜的热导。

测得从 100 ℃到 1 400 ℃温度的氧化锆膜的热导,用最小二乘法处理这些数据得到如下的关系式:

$$K=1.96-2.41\times10^{-4}T+6.43\times10^{-7}T^2-1.95\times10^{-10}T^3$$

式中 K——氧化锆的热导率,W/m · K;

T——温度,K。

15.2.2.5 热膨胀

假定锆合金管轴向织构和热膨胀性质与冷轧板的纵向相同,管子的径向与冷轧板的短横向(厚度方向)的性质相同,管子的周向与冷轧板的横向性质相同。由此得到一个从室温到 1 090 K 温度范围的锆合金包壳的热膨胀关系式:

$$\Delta L/L=1.708257\times10^{-3}+5.223606\times10^{-6}T+1.204258\times10^{-9}T^2$$

$$\Delta D/D=8.2076\times10^{-4}-7.856\times10^{-6}T+1.9236\times10^{-8}T^2-6.1409\times10^{-12}T^3$$

式中 $\Delta L/L$——锆合金包壳管轴向热膨胀;

$\Delta D/D$——锆合金包壳管径向热膨胀;

T——温度,K。

15.2.3 锆合金的电阻率

锆合金的电阻率基本上随着温度的上升而上升,但在 800 ℃到 900 ℃有一个明显的下降,这是由 α 到 β 相变引起的。

15.2.4 核性能

锆合金的主要特征是低的热中子吸收截面,Zr-4 合金的微观吸收截面为 0.21~0.24 巴,其宏观吸收截面为 9.3×10^{-3} cm。

15.2.5 密度

Zr-4 合金的室温密度为 6.55 g/cm^3。

15.3 锆合金的力学性能

15.3.1 弹性常数

15.3.1.1 弹性模量

在锆合金屈服点以下的应力，弹性模量可由虎克定律来确定，$E=\sigma/\varepsilon$，ε 为真应变，E 为弹性模量，σ 为真应力。

Zr-4 合金 24~371 ℃的弹性模量有如下关系式：

$$E = 1.472 \times 10^7 - 5.172 \times 10^3 T$$

式中 E——弹性模量，lb/in^2；

T——温度，℉。

α 相 Zr-4 合金的弹性模量与温度的关系可用下面的关系式表示：

$$E=1.148\times10^{11}-5.99\times10^7 T$$

利用外推法可以得到 β 相的弹性模量与温度的关系：

$$E=1.005\times10^{11}-4.725\times10^7 T$$

以上两式中 E——弹性模量，kgf/cm^2；

T——温度，K。

15.3.1.2 泊松比

Zr-4 合金的泊松比可用下式来表示：

$$泊松比=0.301-7.03\times10^{-5} T$$

式中 T——温度，℉。

下表是各个温度下的锆合金的泊松比：

表 15-4 Zr-4 合金的泊松比

温度/℉	70	300	550	680	750
泊松比	0.296	0.271	0.283	0.245	0.243

15.3.1.3 剪切模量

剪切模量的计算常使用如下关系式：

$$G = \frac{E}{2(1+\nu)}$$

式中 G——剪切模量，N/m^2；

E——弹性模量，N/m^2；

ν——泊松比。

15.3.2 包壳的形变

15.3.2.1 应力应变关系

作为应力函数的应变可由两个方程计算。

在弹性范围内可用虎克定律计算：

$$E = \sigma/\varepsilon$$

式中 ε——真应变；

E——弹性模量；

σ——真应力。

在塑性范围内，包壳应变可由指数方程来计算：

$$\varepsilon = \left(\frac{\sigma}{\kappa}\right)^{1/n} (\dot{\varepsilon})^{1/mn}$$

式中 m——应变敏感系数；

n——无量纲的应变硬化系数；

$\dot{\varepsilon}$——应变速率。

弹性模量的值如下：

当温度为 300 K<T<1 090 K 时，

$$E = 1.148\times10^{11} - 5.99\times10^{7}T$$

式中 E——α 相弹性模量，N/m^2；

T——温度，K。

对于 300 K<T<755 K 到 755 未辐照的应变系数 n 的值满足下面的方程：

$$n = 1.349\ 8\times10^{-2} + 5.152\times10^{-4}T + 5.5947\times10^{-7}T^2$$

式中 T——温度，K。

未辐照的冷加工锆合金管和退火板材的强度系数数据如下：

对于温度 866 K<T<2 098 K

$$K = 1.180\exp(25.12 - 9.216\times10^{-3}T + 1.678\times10^{-6}T^2)$$

对于温度 755 K<T<866 K

$$K = 2.538\times10^{9} - 2.794\times10^{6}T$$

对于温度 300 K<T<755 K

$$K = 1.938\ 3\times10^{9} - 1.219\ 9\times10^{6}T - 96.621T^2$$

式中 K——强度系数，N/m^2；

T——温度，K。

对于 750 K<T<1 090 K 的温度：

$$m = -6.47\times10^{-2} + 2.203\times10^{-4}T$$

式中 T——温度，K。

15.3.2.2 超塑性

Zr-4 合金的温度为 860 ℃到 1 000 ℃应变速度为 10^{-4}/s 的数量级具有超塑性行为。

15.3.3 压缩性能

对冷加工量为 10%的 Zr-4 合金管从室温到 1 050 ℉进行了轴向压缩试验，测定的屈服强度、比例极限和压缩模量都随着温度的升高而显著降低。

15.3.4 拉伸性能

影响锆合金的拉伸性能的因素有温度、轧制方向、氢含量及氧化物取向等。

15.3.4.1 冷加工对拉伸性能的影响

随着加工量的增加,锆合金的强度提高、延性降低。

15.3.4.2 退火温度对拉伸性能的影响

大冷加工的锆合金的拉伸性能随退火温度而改变,在 450 ℃到 550 ℃退火软化是非常迅速的。

15.3.4.3 试验温度对拉伸性能的影响

对一个试样的长度是用管子的周长来定的片状样品进行高温试验,从室温到 800 ℉的试验结果见表 15-5。

表 15-5 Zr-4 合金管横向拉伸性能

试验温度 /℉	0.2%屈服强度 /(lb · in^{-2})	抗拉强度 /(lb · in^{-2})
室温	77 150	88 400
300	52 300	63 100
500	44 450	51 600
600	43 050	49 000
680	41 850	45 450
750	37 600	44 850
800	36 900	41 550

在不同温度下对 10%的冷加工量的 Zr-4 合金进行内压爆破试验,试验结果见表 15-6。

表 15-6 Zr-4 合金爆破试验与纵向拉伸试验的比较

温度 /℉	内压试验/(lb · in^{-2}) (双轴应力)	纵向拉伸试验/(lb · in^{-2}) (单轴拉伸应力)
室温	118 000	85 000
350	90 000	65 000
650	66 800	45 000
725	64 200	40 000

15.3.4.4 织构对拉伸性能的影响

对于 Q(Q=壁厚的减少/外径的减少)因子在 1.5 到 3.5 范围内,织构对拉伸和爆破性能几乎没有影响。

15.3.4.5 氢含量及氢化物取向的影响

形变垂直于氢化物取向使材料的延性下降,而平行于氢化物取向对材料影响较小。对于锆合金包壳管，径向分布的氢化物能使断裂延性显著降低，而环向分布的氢化物对断裂延性的影响较小，反应堆运行温度下，氢在包壳中的浓度没有达到饱和时，其影响远不及氢化物的取向那么重要。

15.3.5 包壳管的倒塌压力

锆管倒塌压力可用下式计算：

$$Pc = \frac{E_r}{4(1 - V_{\text{eff}}^2)}\left(\frac{h}{R}\right)^3$$

式中 E_r——相当于倒塌应力的压缩模量；

V_{eff}——有效泊松比；

h——管子的壁厚；

R——管子的平均半径。

15.3.6 蠕变

金属在恒定的应力下，除瞬时变形外还要发生缓慢而持续的形变，称为蠕变。蠕变现象随着温度的升高而愈来愈显著，而材料承载能力就显著下降。

初期锆合金蠕变以连续不断减小的应变速度进行，通常用下面的关系式表示应变与时间的关系：

$$\varepsilon = Kt^{1/3}$$

式中 t——时间；

K——应力函数。

这个阶段的蠕变通常称为初始蠕变（即蠕变第一阶段）。随后，一个最小恒定的蠕变速率的蠕变阶段称为稳态蠕变（即蠕变第二阶段），也就是，应变=常数×时间。

蠕变的最后阶段，也就是蠕变第三阶段，在蠕变断裂前蠕变速率随着时间迅速增加，第三阶段蠕变的开始代表了稳态塑性变形的上限。

在 300 ℃左右的温度范围内，在低于屈服点的压力条件下，锆合金的堆外蠕变强度是非常高的，在第一阶段蠕变之后，蠕变速率几乎等于零（$\leqslant 10^{-8}$/h），在低温（≤250 ℃）和高温（≥350 ℃）蠕变速率增加。在应变时效温度范围之外，织构和最后的退火温度对蠕变强度有很大影响。

锆合金的蠕变性能也取决于冷加工量。

试验表明，在第三阶段蠕变到来之前，蠕变速率连续减小，估计第三阶段蠕变约在应变2%左右开始。

15.3.7 疲劳

锆合金的疲劳性能是很重要的，燃料元件棒的振动在包壳管内产生交变的弯曲应力，这种应力可以引起疲劳裂纹。

疲劳试验数据说明锆合金是缺口敏感的，描述缺口形状的理论应力集中系数 K_T 在 3~9 内变动时，不影响寿命$\leqslant 10^6$ 循环的疲劳强度。

塑性应变范围和破坏时的循环次数之间的关系可用下面的方程表示：

$$\varepsilon_p N^{\alpha} = KD$$

式中 ε_p——塑性应变范围；

N——破坏时的循环次数；

D——拉伸延性；

K 和 α——常数。

由于锆合金包壳管受到低频的大振幅塑性循环，低循环疲劳也可能引起破坏。

15.3.8 冲击性能

锆合金的冲击性能随温度降低而下降，这与材料内的小裂纹核有关而不是与一条裂纹迅速扩张有关。

样品大小、试验温度和热处理对冲击试验都有影响。

锆合金随着氢含量增加冲击性能变坏，这取决于氢化物的数量、取向和分布状况。在固溶体中的氢对冲击性能的影响较小，如果氢化物一旦沉淀析出，并与应力方向垂直时，就会大大恶化锆合金的冲击性能。

15.3.9 断裂韧性

未辐照的锆合金的断裂韧性表明，这些材料有相当高的延性，甚至在有缺陷存在的情况下，它的的断裂行为一般受塑性不稳定性支配。然而，辐照后的锆合金的破坏通常是脆性或者是脆性-塑性断裂。研究表明，浅的表面损伤对管子的强度没有影响，当划伤的长度大约是 2 倍壁厚时，扩展的裂纹将穿透管壁。

超功率循环引起的燃料元件破坏的检验发现，这种破坏和在实验室由于碘引起的破坏相类似。在燃料元件超功率试验中，局部的包壳应力集中发生在燃料—包壳机械相互作用所产生的环脊附近，并且从燃料中放出化学性质活泼的裂变产物如铯、锝、碘和溴等，这些腐蚀性裂变产物助长了锆合金裂纹的产生和发展。

Zr-4 合金的辐照和未辐照的断裂韧性数据是温度和样品取向的函数；研究表明，在 −200 ℉到 600 ℉断裂表面表现出大的局部范性，对 TW 取向的样品（最小值方向）断裂韧性（K_{IC}）随通量而增加（直到 20×10^{20} nvt），加入 250 ppm 的氢后，在−100 ℉到 200 ℉，使平面断裂韧性减少一半，当通量值到 20×10^{20} nvt 时，含氢量高的材料（250 ppm）断裂韧性的变化是不明显的，对辐照后的 β 淬火材料和 α 退火材料的统计没有明显差别，在较高的 K 值（腐蚀速率常数）下裂纹扩张速率随通量增加而成倍增加。

15.3.10 辐照性能

15.3.10.1 辐照对拉伸性能的影响

中子辐照对锆合金拉伸性能有显著影响，中子辐照效应和冷加工效应相似，提高了屈服强度和拉伸性能，降低了延性。辐照使强度增加延性下降的现象称为辐照强化。辐照使强度和延性发生变化的量取决于试验的温度、辐照温度、辐照剂量和样品的冷加工量，从不同的试验得到的 Zr-4 合金的辐照结果见表 15-7 和表 15-8。

表 15-7　冷加工 Zr-4 合金包壳 285 ℃辐照、343 ℃拉伸试验的结果

快中子积分通量 /($n \cdot cm^{-2}$)	$\sigma_{0.2}$ /($kg \cdot mm^{-2}$)	σ_b /($kg \cdot mm^{-2}$)	$\sigma_{均}$ /($kg \cdot mm^{-2}$)	$\sigma_{总}$ /($kg \cdot mm^{-2}$)
9.0×10^{20}	36.7 39.4	37.1 41.0	0.38 0.44	1.0 2.3
7.2×10^{20}	38.8 37.1	38.8 37.1	0.15 0.14	1.8 1.8
4.4×10^{20}	36.1 39.9	36.4 40.0	0.18 0.19	1.8 1.9
2.1×10^{20}	25.6	32.3	1.0	3.8
0	18.3	24.9	2.1	7.9

表 15-8　Zr-4 合金包壳 285 ℃辐照、室温拉伸试验的结果

快中子积分通量 /($n \cdot cm^{-2}$)	$\sigma_{0.2}$/($kg \cdot mm^{-2}$)	σ_b /($kg \cdot mm^{-2}$)	$\sigma_{均}$ /($kg \cdot mm^{-2}$)	$\sigma_{总}$ /($kg \cdot mm^{-2}$)
8.5×10^{20}	60.0 —	68.0 69.5	1.63 —	2.4 —
8.2×10^{20}	55.0 —	63.1 65.8	0.55 —	1.1 —
5.6×10^{21}	56.6 53.5	67.4 65.1	0.75 0.88	2.5 4.3

关于辐照损伤的饱和问题目前比较一致的看法是：强度变化大致在 $10^{21}\sim10^{22}$ 快中子/平方厘米(>1 MeV)时饱和，而延性值是在 $3\times10^{19}\sim1\times10^{20}$ 快中子/平方厘米时饱和；总伸长约在 5×10^{20} 中子/平方厘米处饱和，而非均匀伸长事实上随辐照剂量增加而继续下降。

当辐照中子通量达到几倍 10^{21} 中子/平方厘米以后，断裂时的延伸率有时小于 1%，当辐照对断面缩减率影响较小，这是辐照引起拉伸屈服机理改变的一个标志。

辐照温度对拉伸性能也有显著的影响，辐照到一定程度后(大约 10^{20} 中子/平方厘米)，在高温辐照过的样品具有较高的屈服强度。

锆合金的辐照效应强烈地取决于织构，如果基极方向是落在与管子径向成±30°角内，那么在平面应变条件下辐照强化效应最小，在快中子通量达到大约 10^{21} n/cm^2 之后，含有零织构角的样品的屈服强度大约比具有 30°织构角的样品的屈服强度高 40%。最高屈服强度的样品只要较小的断面缩减率就破坏了。

15.3.10.2　辐照对蠕变性能的影响

中子辐照对锆合金蠕变性能有显著的影响，总的趋势是：蠕变速率往往成数量级增加；

第二阶段蠕变速率长期稳定，而不同于堆外试验时第二阶段蠕变速率逐渐减小的趋向；断裂时的延性较高，以至于在第三阶段蠕变开始到断裂之间要经过一段较长的时间。

在低应力或低应变速率（$\leqslant 10^{-7}$/h）条件下，中子辐照增加了锆合金的蠕变速率。在200~350 ℃的温度范围，通量大约 10^{14} n/cm^2 · s 时，冷加工锆合金的蠕变速率大约增加一个数量级。许多资料表明，在这个温度范围内，应力与蠕变几乎是线性关系。

辐照前完全退火的锆合金的蠕变强度比消除应力的锆合金大约高了三倍。

锆合金包壳堆内蠕变性能是应力、时间、温度和通量的函数。当应力低于 170 MN/m^2 时，应力对锆合金蠕变的影响一般认为是直线关系，当应力大于 170 MN/m^2 时，这个应力关系假定是一个指数关系，以下是堆内试验对于计算双轴应力冷加工锆合金管的横向蠕变速率提出的方程：

$$\dot{\varepsilon}^{cr} = K\varphi(\sigma + Be^{c\sigma})\exp(-10\ 000/RT)t^{-1/2}$$

式中 $\dot{\varepsilon}$——横向蠕变速率，m/m · s；

$K=5.129\times10^{-29}$；

$B=7.252\times10^{2}$；

$C=4.967\times10^{-8}$；

$R=1.987\times\left(\dfrac{\text{cal}}{\text{mol-K}}\right)$；

T——温度，K；

φ——快中子通量，n/m^2 · s（E>1.0 MeV）；

t——时间，s；

σ——横向应力，N/m^2。

15.3.10.3 辐照生长

除了热膨胀和应力引起的锆合金形变之外，中子辐照损伤也会使锆合金的径向和轴向发生形变。单纯的快中子通量的影响是每个晶胞的原子从<0001>轴取出一部分，以相等的概率在另外三个轴上沉积，在密集六方晶胞的 C 轴方向缩短，而在垂直于 C 轴方向上伸长，这种生长没有体积的改变。

辐照生长的重要参数是中子通量、时间、温度和包壳的冷加工状态，关于 40~360 ℃模拟辐照引起的锆合金轴向生长的方程式如下：

$$\Delta L/L = 1.407\times10^{-16}\exp\left[\frac{240.8}{T}\right][\varphi t]^{\frac{1}{2}}[1-3f_2][1+2CW]$$

式中 T——包壳温度，K；

φ——快中子通量（n/m^2 · s）（E>1.0 MeV）；

t——时间，s；

f_2——管轴织构因子（对轻水堆包壳 $f_2=0.05$）；

CW——冷加工量（断面缩减率）。

15.3.11 机械性能标准

表 15-9、表 15-10 是锆合金管的有关机械性能数据。

表 15-9 室温下材料的纵向拉伸性能

Zr-4 合金状态	拉伸强度(最小)		屈服强度(最小) 0.2%残余变形		延伸率 (2 in 的样上)
	/(lb · in^{-2})	/MPa	/(lb · in^{-2})	/MPa	/%
退火	60 000	415	35 000	240	20
冷作去应力	b	b	b	b	b

b:由买主和制造者协调

表 15-10 锆合金包壳的机械性能

单轴拉伸试验	抗拉强度 /(kg · mm^{-2})		抗拉强度 /(kg · mm^{-2})		均匀延伸率 /%		δ 5%	
	$Ⅰ_1$	$Ⅱ_2$	Ⅰ	Ⅱ	Ⅰ	Ⅱ	Ⅰ	Ⅱ
室温	68.4	55.2	55.5	40.7	14.9	19.5	31.4	38.4
350 ℃	41.5	27.5	33.5	18.7	12.9	21.9	31.1	53.6
密端爆破试验	爆破压力 /(kg · mm^{-2})		爆破强度 /(kg · mm^{-2})		周向延伸率 /%		高断裂 2 cm^2 处的延伸率	
	$Ⅰ_1$	$Ⅱ_2$	Ⅰ	Ⅱ	Ⅰ	Ⅱ	Ⅰ	Ⅱ
室温	11.0	9.7	91.8	80.9	18.6	20.8	7.1	13.1
350 ℃	6.1	4.5	51.2	37.5	25.3	73.8	6.2	25.8
蠕变试验	环应力 /(kg · mm^{-2})		时间 /h		最周向延伸率/%			
					Ⅰ		Ⅱ	
375 ℃	1				0.17		0.23	

注:Ⅰ是在 525 ℃保温 4 h 消除应力;Ⅱ是在 750 ℃退火 2 h。

15.4 锆合金的腐蚀性能和吸氢

15.4.1 腐蚀

锆合金与其他的材料一样,在其使用的环境中与周围的介质相互作用,从而发生腐蚀。就压水堆的环境而言,锆合金具有优良的抗腐蚀性,因而它能广泛地用于压水堆。

15.4.1.1 非合金锆的氧化

通常把碘化法锆和还原锆(海绵锆)称之为非合金锆。非合金锆在氧中的氧化特性是相当理想的,在较低的温度下,非合金锆的氧化速率随着时间的增加而不断地降低;在较高的温度下(600 ℃),即使增重达到 200 mg/dm^2 也没有发生氧化物剥落的现象。然而,非合金锆在水中的氧化特性却不那么理想,主要的原因是在水中生成了白色的氧化物,这种氧化物的出现意味着产生了加速腐蚀。

15.4.1.2 锆合金的出现

锆合金的发展经历了 Zr-1、Zr-2、Zr-4、Zr-Cr-Fe 和锆铌合金等发展过程。

锆合金中 Zr-2 和 Zr-4 的腐蚀性能十分相似，但在吸氢特性上却有巨大的差别，Zr-4 的吸氢量大大低于 Zr-2，因此 Zr-4 合金广泛用于压水堆中。

表 15-11 主要锆合金的成分

合金成分（质量百分含量）/%	Zr-1	Zr-2	Zr-3			无 Ni Zr-2	Zr-4
			a	b	c		
Sn	2.5	1.50(1.20~1.70)	0.25	0.50	0.50	1.50(1.20~1.70)	1.50(1.20~1.70)
Fe	—	0.12(0.07~0.20)	0.25	0.40	0.20	0.15(0.12~0.18)	0.20(0.18~0.24)
Cr	—	0.10(0.05~0.15)	—	—	—	0.10(0.05~0.15)	0.10(0.07~0.13)
Ni	—	0.05(0.03~0.08)	—	—	0.20	<0.007	<0.007
FeCrNi 总量	—	(0.18~0.38)					>0.28

合金成分（质量百分含量）/%	O_3 0.5	O_3 1.0	Zr-1Nb	Zr-2.5Nb
Sn	0.20(0.18~0.22)	0.4	—	—
Nb	0.10(0.09~0.11)	0.2	1.0(0.9~1.1)	2.5
Fe	0.10(0.09~0.11)	0.2	—	—
Ni	0.10(0.09~0.11)	0.2	<0.007	<0.007
B	—	—	0.20*	0.10*
O	0.09~0.12	—	0.09~0.12	0.09~0.12

* 表示当燃料组件中要含有可燃毒物时才添加。

15.4.2 Zr-4 合金在水和蒸汽中的腐蚀

15.4.2.1 腐蚀的一般规律

Zr-2 和 Zr-4（以下统称为锆合金）在高纯水中或蒸汽中与水反应生成一层氧化膜，化学反应方程式为

$$Zr+2H_2O \longrightarrow ZrO_2+4H$$

锆合金氧化有转折前阶段和转折后阶段，这两个阶段的转折阶段称之为转折。氧化规律可用数学式表达：

$$W=Kt^n$$

式中 W——腐蚀增重，mg/dm^2；

t——腐蚀时间，d；

K——腐蚀速率常数。

转折前阶段所生成的氧化膜是次化学配比的黑色致密的（在氧化早期出现相干色），由于这种膜紧密地附着在锆合金的基体上，而有良好的保护作用。在转折前氧化规律中的指数 n 在 0.25~0.6 之间，研究结果表明锆合金在 232~316 ℃ 范围内（水中腐蚀）的规律如下：

$$W^3 = Kt$$

式中　W——腐蚀增重，mg/dm^2；

t——腐蚀时间，d；

K——立方腐蚀速率常数。

$$K = A\exp(-Q/RT)$$

具体结果如下：

$$K = 6.357 \times 10^{11}\exp(-13\ 640/T)$$

$$W^3 = 6.357 \times 10^{11}\exp(-13\ 640/T)t$$

式中　T——温度，K。

随之发生的是转折，转折过程通常发生在氧化膜厚度在 2~7 μm 的范围内，通过转折使氧化由转折前的状态变到转折后的状态。转折这一过程生成的是灰白色氧化物，转折意味着保护性氧化膜开始破损，腐蚀将加速。转折过程的速率与温度、压力、几何形状等因素有密切的关系，表 15-12 给出了各种温度转折的时间与增重。

表 15-12　转折时间和转折时的增重

温度/℃	转折时间/d	转折时增重(mg/dm^2)
288	2 000	20
315	600	32
360	120	36
400	40	40

转折过程完成后就是转折后阶段了，这个阶段的氧化膜是化学配比的，氧化膜由黑色转变为灰色和白色；当膜增长到一定厚度时可发生剥落现象。转折后的氧化速率近似于一个常数，氧化规律可用数学表达式表示如下：

$$W = Kt$$

即转折后为线性规律。以 Zr—4 作水冷动力堆的元件包壳，转折后的腐蚀对总的腐蚀量来讲是主要的，因此，锆合金转折后的腐蚀速率是代表其腐蚀性能的主要常数，Zr-4 转折后的腐蚀速率 360 ℃下为 0.37 $mg/dm^2 \cdot d$，400 ℃蒸汽中为 1.27 $mg/dm^2 \cdot d$。

研究者对高温下锆合金与蒸汽的反应做了大量的研究，这项工作的意义在于揭示锆合金在发生堆内失水事故时的抗蚀能力。锆合金与蒸汽的反应量和时间的关系，通常满足抛物线关系，其数学表达式为：

$$W^2 = K_p t$$

式中　W——锆合金反应量，它是单位面积上参与反应的锆重量（根据当量关系也可以换算成氧重量或所放出的氢的体积）；

t——反应时间；

K_p——反应速率常数—抛物线规律速率常数，这个常数与温度之间满足下列关系。

$$K_p = A\exp(-E/RT)$$

式中　E——激活能；

A——常数；

R——气体常数；

T——绝对温度。

由于 ZrO_2 有三种同素异形体，即 890 ℃由斜方转变成正方，在 1 577 ℃由正方转变成立方，因此 K_p 分成几个阶段描述。高温下锆与蒸汽的反应首先是在外表面生成 ZrO_2 层，在 ZrO_2 之下是由氧稳定化的 α 锆层，再内则是 β 锆层，它们也满足抛物线规律。以下是 K_p $[(MgZr/cm^2)^2 \cdot s^{-1}]$ 低于及 ZrO_2、αZr 层和 $ZrO_2+\alpha Zr$ 层厚度(cm)表达式：

低于 1 580 ℃：$K_p=2.96\times10^5\exp(-16\ 820/T)$

高于 1 580 ℃：$K_p=8.79\times10^5\exp(-16\ 610/T)$

在 1 050~1 850 ℃范围内：$\delta_{\alpha Zr}=0.390\exp(-9\ 915/T)$

在 1 050~1 580 ℃范围内：$\delta_{ZrO_2}=0.036\exp(-6\ 793/T)$

在 1 580~1 850 ℃范围内：$\delta_{ZrO_2}=0.144\exp(-8\ 007/T)$

在 1 050~1 580 ℃范围内：$\delta_{\alpha Zr+ZrO_2}=0.363\exp(-8\ 968/T)$

在 1 580~1 850 ℃范围内：$\delta_{\alpha Zr+ZrO_2}=0.251\exp(-7\ 764/T)$

以上各式表明在 1 580 ℃有一个间断点。

研究表明：在高于 1 000 ℃的温度下，预膜对 Zr-4 蒸汽没有抑制作用，即预膜样品和没预膜样品具有同样的反应速率；在温度低于 1 000 ℃时，预膜有一定的抑制作用，预膜样品的反应速率比没有预膜的样品要低。

15.4.2.2 影响腐蚀的因素

1. 表面制备和表面沾污的影响

锆合金必须经过加工，做适当的表面处理之后才能付之使用，不同的加工方式和处理方式会使锆合金的表面状态不同，从而使锆合金的抗蚀性也不同。

冷加工的原始表面有一层流变层，由于应力的存在使合金的腐蚀加速，但是应该说明的是：锆合金与非合金锆相比，锆合金对表面状态的敏感性要低得多。粗糙的表面、有划伤的表面也会使腐蚀加速或局部加速。在这种表面将较早地出现白色氧化物斑。

用适当的酸洗工艺($HF-HNO_3-H_2O$)可以除去这层畸变层(同时也可除去生产工艺中所生产的表面沾污)，从而得到良好的抗蚀性，但是酸洗工艺的最大的问题是造成氟的污染，它能使锆合金的抗蚀性变差，使腐蚀速率急剧增加，生成白色氧化物。

阳极氧化和电介抛光能得到无氟沾污的表面。电介抛光所得到的表面更为光洁，经过抛光的锆合金表面比酸洗表面更抗腐蚀，这不仅是因为消除了氟化物沾污的结果，而且也是由于电介抛光和酸洗过程中锆合金内的金属间化合物颗粒所表现出的行为也不同之故。

高质量的机械加工表面和研磨表面腐蚀速率并不比酸洗表面的高。

混有极少量的硝酸盐和氯化物的盐类(或者溴化物)能引起严重的晶间腐蚀，而相应的碘化物混合物能使处在低压蒸汽中(或者氧和空气中)的锆合金产生贯穿应力的腐蚀断裂。

溶液中铁、镍、铜、钙离子的沾污对其早期腐蚀速率有影响，而铜和钙的影响为最大。

2. 合金中杂质的影响

氮、碳、氧、铝、硅、钛、锰铜等杂质对非锆合金的抗蚀性都有很大的影响，但对 Zr-2 和 Zr-4 来讲，它们的影响已大大降低，这正是发展锆合金的主要目的所在。可是，这些杂质对锆合金的抗蚀性仍有一定的影响，各批锆合金的腐蚀情况往往差别很大，这与这些杂质的存在有一定的关系。

3. 冶金因素的影响

锆合金中金属间化合物颗粒的分布状态、锆合金中的应力状态都是影响其抗蚀性的因素。

不适当的热处理，包括从 β 相冷下来的速度不够大，或者在 $(\alpha+\beta)$ 区域停留的时间过长，都能使锆合金中金属间化合物产生“纤维”状分布，这种分布状态对锆合金的抗蚀性是不利的，往往引起局部腐蚀，产生白斑。

研究表明：冷却速度是关键因素，只要使通过 $(\alpha+\beta)$ 相区的冷却速度大于每分钟 90 ℉ 的这个临界值，就能改善金属间化合物颗粒的分布，从而得到抗蚀性好的锆合金。

在 α 相区内，冷却速率对 Zr-4 的抗蚀性没有影响。

加到样品上的张应力直到增重接近转折点之前，似乎对氧化没什么影响，然而却使转折提前，并使转折后的初始腐蚀速率增加，因此，所附加的应力似乎与氧化过程中所产生的应力一致地加速了正常的转折过程。

冷加工量对锆合金的抗蚀性没什么影响。锆合金的织构状态对其长期腐蚀速率也没有重要的影响。

4. 环境中杂质的影响

水和蒸汽中的氟化物对锆合金的抗蚀性产生有害的影响，其他的杂质没发现重大的影响。但是，水中的氧对辐照下的锆合金则大大地增加了腐蚀速率。水中的氢在浓度高达 30 mL/L 的情况下，仍不会使锆合金的氧化速率有变化，可是，氢的含量再增高则会使吸氢量增加。

5. pH 值的影响

对于硫酸、硝酸，NH_4OH，NaOH，KOH 及 LiOH 等的水溶液，当 pH 值在 1~12 的范围时，锆合金的腐蚀速度与 pH 值之间没有明显的依赖关系，当 pH 值高于 12 时，LiOH 使锆合金的抗蚀性变差，而 NaOH，KOH 的影响则比较小；如果样品出现裂纹，则不良作用加剧。

硫酸和硝酸的水溶液对锆合金的腐蚀速率没有多大的影响。

盐酸溶液能引起氧化物的碎裂，因而使锆合金在 200~250 ℃的温度下产生了严重的晶间腐蚀。

6. 环境压力的影响

当温度在 300 ℃以下时，环境压力对转折前的腐蚀影响是觉察不出来的，对转折过程和转折后腐蚀的影响相对来说也是小的。

在 450 ℃或更高的温度下，锆合金的氧化速率随蒸汽压力的增加有显著的增长。

7. 温度因素

温度越高，总的腐蚀量越大，转折来得越早，转折后腐蚀速率也越大。

8. 热流量因素

由于热的传递作用，使金属—氧化物交界面到外表面产生一个温度差，实验证明，热流作用下的腐蚀增重速率是受到邻近于金属表面的保护性氧化层的温度支配，转折后的腐蚀增重的关系式为：

$$W = W_o + \frac{RT_o^2\lambda}{rQq''}\ln\left[\left(1 - \frac{rQq''}{RT_o^2\lambda}\right)K_o\exp(-Q/RT_o)t\right]^{-1}$$

式中　W——腐蚀增重，g/cm^2；

W_o——转折点的增重，g/cm^2；

K_o——速率常数,$g/cm^2 \cdot d$;

Q——激活能,千卡/克分子;

R——气体常数,千卡/克分子·开;

T_o——表面温度,K;

q''——热流量,W/cm^2;

λ——热导,W/cm·K;

t——时间,h。

9. 冷却剂流速的影响

在高纯水中所做的试验表明:冷却剂流速的影响是不大的,相比较而言,高流速下的增重量比低流速下的增重量稍低些。

15.4.2.3 腐蚀机理

锆合金在水和蒸汽中腐蚀时,锆同水分子中的氧相结合生成了ZrO_2,同时放出氢。生成氢的一部分被基体本身所吸收,而ZrO_2则形成了氧化膜,由于氧化物的克分子体积是金属的克分子体积的1.56倍,因此氧化物内有很大的应力,而且有三分之一的氧化膜的厚度高出原金属表面。

腐蚀早期所产生的氧化膜是致密的,且牢固地附着在锆合金的表面上。

氧化膜的生长是借助于氧离子通过氧化物晶格中空穴从氧化层外部扩散到金属—氧化物交界面实现的。一般认为,氧离子扩散是腐蚀过程的控制因素,即腐蚀速度决定于氧离子经过氧化层的扩散速度。

扩散过程不断进行,直到氧化层达到一定的临界厚度为止。随着膜的增厚,膜和金属间的应力使氧化层内形成了裂隙,腐蚀介质直接通过裂隙到达金属表面,缩短了腐蚀路程,因而增加了腐蚀速度,这就是锆合金的腐蚀转折时刻,氧化膜由黑变白,以线性规律进行腐蚀。当增重达到更高的数值时(约1 000 mg/dm^2),氧化膜发生剥离。

氧离子的扩散速度,即腐蚀速度,随着空穴的浓度增加而加大,随着迁移率的增加而加大。扩散过程于温度之间有着强烈的依赖关系,因而随着温度的提高,腐蚀加快、转折提前。

15.4.3 锆合金的吸氢

15.4.3.1 氢在锆合金中的存在形式及其危害

当锆中的氢含量低于固溶极限时,氢就固溶在锆合金中,不以单独的相出现。当锆中的氢含量高于固溶极限时,氢就以片状氢化锆的形式析出。氢所造成的危害程度与氢化锆是否形成、形成后氢化锆的量及氢化锆分布状态有密切的关系,氢化锆本身是脆性的,当它在锆合金中以片状形态析出时,使完整的锆合金在一些局部的位置上被分断,因而降低了锆合金的韧性而产生氢脆。

锆合金形成的条件是氢含量超出饱和固溶度,氢在锆中的溶解度则依赖于温度,在350 ℃左右时,氢在锆中的溶解度大约为150 ppm,室温下的溶解度则小于几个ppm。

锆合金中氧化锆的量决定于锆合金基体内吸收了多少氢。锆合金中氢的来源通常有三种:第一个来源是锆合金加工过程中作为杂质带到合金中的氢;第二个来源是从腐蚀介质中吸氢;第三个来源是锆与水反应所产生的氢。

片状氧化锆的取向是一个关键因素,它影响到锆合金力学性能。

在有温度梯度的锆合金包壳管中，氢由高温端向低温端迁移，因此氢也依据温度的分布形成相应的分布。

使用状态下，锆包壳管所受的环应力对包壳管内氢化物取向的改变则有重大的作用，随着环应力的增加，切向氢化物的稳定性变差，不断地转变成径向分布，这将威胁到包壳管的安全性。

锆合金的实际使用表明：锆合金燃料包壳因腐蚀而引起的壁厚损失并不是影响燃料元件使用的关键因素；因吸氢而造成的氢脆断裂将成为锆合金燃料包壳使用寿命的限制因素（表 15-3）。

表 15-13　氢化后，不同结构 Zr-4 管的内压力爆破（室温）

管号	氢化物取向	氢浓度/ppm	环破坏应力/($N\cdot mm^{-2}$)	环向伸长/%
1	切向	293	871 804	10 5
2	混合	355	831 677	9 2
3	径向	290	690 635	18 3

15.4.3.2　从气态氢中吸氢

表面干净的锆能与气态氢直接发生反应。通常锆合金的表面总有一层氧化膜，这层氧化膜起着一定保护作用。研究表明：锆合金表面的氧化膜对于氢锆反应来讲也起着阻碍的作用，与此相应的是氢化过程有各种各样的潜伏期，潜伏期的结束意味着氧化膜破裂的开始，这时氢将沿着裂隙渗入锆基体内。

在水和蒸汽环境中，通常情况下都具有氧化修复能力，吸收气态氢的情形不大可能发生。可是，在水中有大量氢的情况下（氢过压值很大）以及在 50∶50 的蒸汽与氢的混合气相中，氢化过程仍然存在，Zr-4 的吸氢量远远地低于 Zr-2。

15.4.3.3　腐蚀生成氢的吸收

锆在水中或蒸汽中腐蚀时，水分子中的氧与锆结合生成氧化膜，同时产生氢，这种氢称之为腐蚀生成氢，锆合金能部分地吸收这种氢，将吸收量与腐蚀总生成量之比称之为吸氢分数，如果以百分数表示则称吸氢百分比。

腐蚀生成氢的吸收与腐蚀过程有密切的关系。随着腐蚀时间的加长，腐蚀量增加，氧化膜增厚；与此同时，锆合金中的总吸氢量也增加了。

锆合金在腐蚀早期阶段所吸收的氢较多，随着腐蚀的继续进行，吸氢百分数平稳下降，在转折之后吸氢量大大增加，这是因为：腐蚀初期锆合金表面上没有氧化膜，腐蚀生成的氢没有阻碍地进入锆合金基体内，当致密的氧化膜生成后，氢进入锆合金将受到这层膜的阻碍，膜越厚则氢的扩散越不容易，因此吸氢百分数下降；转折后氧化膜出现裂纹和气孔，相应的氢吸收也必然加剧。

Zr-4 的吸氢实验值和实际使用值一般在 5%~20%范围内。

锆基体中氢的平均浓度可用下列数学表达式表示：

$$C_H(\text{ppm}) = 1.25 \times 10^{-2} \alpha \frac{W}{d\rho_{Zr}}（单面腐蚀）$$

式中 W——腐蚀增重，mg/dm^2；

α——吸氢百分数；

d——壁厚，cm；

ρ_{Zr}——锆的密度，g/cm^3。

吸氢腐蚀的特点是均匀地分布在锆合金基体中，这是由腐蚀过程本身所决定的，因此腐蚀吸氢不会造成局部的氢破坏。

表 15-14 堆外腐蚀转折后的吸氢速率

温度/℃	吸氢速率/(mg · dm^{-2} · d^{-1})	
	Zr-2	Zr-4
290	0.001	
310	0.004	0.001 5
360	0.015	0.007
400	0.03	0.003

15.4.3.4 影响锆合金吸氢的主要因素

1. 合金元素和杂质的影响

合金元素 Sn、Fe、Cr、Ni 使锆合金的抗蚀性得到改善，但对吸氢来讲各元素的行为则不相同，Zr-2 和 Zr-4 在腐蚀行为上极其相似，而在吸氢上则 Zr-4 要比 Zr-2 优越得多。

元素镍在促进锆吸氢方面的作用最为强烈，与其他元素相比较，含镍锆吸氢百分数最大，而 Zr-4 合金不含镍，因此它的吸氢特性要比 Zr-2 好。

当锆合金中存在杂质时，这些杂质将影响腐蚀过程，从而使锆合金的吸氢量也产生相当的变化。

2. 环境因素对锆合金吸氢的影响

正在腐蚀的 Zr-4，它的吸氢量一般随着水中溶入氢的浓度提高而增加，可是，这种影响只有在氢过压很大的情况下才显得突出。氢过压的环境中 Zr-2 吸氢量要比 Zr-4 大得多。

水中溶解的氧能够使吸氢量降低。

3. 热处理因素的影响

热处理对锆合金的吸氢有一定的影响，它对吸氢速率的影响还与腐蚀时的温度有关。

真空退火的锆合金的初始吸氢量比冷加工状态下锆合金的吸氢量要高些。

4. 温度与压力的影响

实验证明：在开始腐蚀阶段，吸氢速率与环境压力、温度的关系比较复杂，似乎没有简单的对应规律；在转折后的腐蚀过程中温度的影响则强烈了，即随着温度的上升吸氢速率增加；而压力的影响似乎表现不出来。

15.4.4 辐照下腐蚀与吸氢

在标准压水堆环境内，辐照对锆合金的影响是微小的。

15.4.4.1 辐照下的腐蚀

1.蒸汽环境中的腐蚀

实验表明,蒸汽环境中辐照使锆合金的腐蚀加快了,转折前与转折后的腐蚀都有显著的增加。辐照的另一个显著作用是使转折时间提前。

辐照对腐蚀的影响与温度有密切的关系。在蒸汽环境中辐照引起的腐蚀增加,随着温度的增高而减少,达到一定的温度,辐照对腐蚀的影响似乎已消失。

与辐照对腐蚀的影响有关的另一个因素是中子通量,实验证明腐蚀速率的增加随着中子通量的下降而减小;γ 通量的大小并不是影响腐蚀速率的重要因素。

2.汽水混合环境中的腐蚀

汽水混合环境中的实验结果也证实了辐照对腐蚀速率有影响,辐照影响的趋势与蒸汽环境中的情况相似。

在铵化雾和中性沸水中的实验表明,前者含氧量底,后者的含氧量高,虽然在这两种环境中,中子辐照使腐蚀速率增长了,但增长的程度不完全相同,在低氧的铵化雾中的辐照使腐蚀速率增长了4~5.6倍;在中性沸水中辐射使腐蚀速率增加了5.5~7倍。

3.水回路中的辐照腐蚀

水回路中辐照腐蚀的结果有两种情况,一类是与蒸汽环境中的情况相似,即辐照使腐蚀速率增加;另一类型是腐蚀增长的很少。

综合堆内水回路的实验结果可以得出:

①在氧化性水回路中,辐照对锆合金的腐蚀显示出的影响很大。所谓氧化性的水,是指水中存在游离态的氧或者是含有氧的氧化性原子团,在这种环境中,辐照使锆合金腐蚀速率明显增加,元件表面生成一层厚的氧化膜。

②在去氧化性水回路中,辐照对锆合金铁腐蚀显示出的影响是不大的。所谓去氧化性水是指控制水中氧含量(一般在0.1 ppm以下),使氧的影响趋于消失。

③还原性水中,锆合金的腐蚀基本上不受辐照的影响,即便是有一点影响,其辐照下的腐蚀速率也不会超过堆外速率的2倍,这对锆合金来讲并不重要。所谓还原性水,通常指的是压水堆的水回路,在这种水中不但没有氧存在(小于0.1 ppm),而且还添加一些添加剂和氢。

对于锆合金来讲,α 轧制状态与 β 淬火状态的辐照腐蚀也差别不大。

在一定的氧含量的水回路中,当中子通量在 $10^{13}\sim10^{14}$ nv范围内时,通量对腐蚀增加有饱和的趋势。

锆合金在特定的环境中腐蚀时,依据腐蚀环境的特征,锆合金本身建立起一个相应腐蚀速率,如将锆合金移到一个新的环境中,锆合金将仍以原来的腐蚀速率在新环境中腐蚀,直到它的氧化膜适应新的环境为止,这种特性称之为“记忆效应”。

压水堆Zr-4合金包壳管腐蚀速率比堆外经验值稍高,转折后的腐蚀速率大致为:在300~350 ℃下,0.1~0.3 $mg/dm^2\cdot d$。

考虑到堆内运行的具体情况,锆合金在压水堆内腐蚀可用下面的计算公式计算:

$$W = 27.1 \times 10^3 t^{0.333} \exp(-5\,220/T_c) A^{0.333}\text{(转折前的腐蚀量)}$$

$$W_{tr} = 123\exp(-790/T_c)\text{(转折时的腐蚀增重)}$$

$$W = 23 \times 10^8 (t - t_{tr}) \exp(-1\,440/T_c) A + W_{tr}\text{(转折后的腐蚀增重)}$$

上述表达式中 W 为腐蚀增重,mg/dm^2;T_c 为氧化膜和包壳金属交界处的温度,K;t 为腐蚀总时间(d);t_{tr} 为转折时间,d;A 为堆型因子,具体如下:

对于压水堆：

$$A=3.11\times10^{3}\exp(-1.195\times10^{-2}T_{c})$$

15.4.4.2 辐照下的吸氢

在辐照情况下，Zr-4 的吸氢仍然比 Zr-2 的吸氢要少，与堆外的情况相似（1/3~3/5）。

转折前氧化膜的吸氢量：

$$H_{pre}=\left(\frac{0.015\,4}{d}\right)\left(\frac{B}{8A}\right)W$$

转折后氧化膜吸氢量：

$$H_{post}=H_{tran}+\left(\frac{0.015\,4}{d}\right)\left(\frac{2.27B}{8A}\right)[W-W_{tr}]$$

式中，H_{pre} 是转折前某时刻下的吸氢量（ppm）；H_{post} 是转折后某一时刻的总吸氢量（ppm）；H_{tran} 是转折时刻下的 H_{pre} 值；d 是包壳的初始厚度（米）；W、W_{tr} 和 A 分别是增重、转折时增重及堆型因子；B 是材料吸氢因子。压水堆中的 Zr-4 合金：$B=0.12$。

15.5 新型包壳材料

20 世纪 90 年代以来，各国竞相为高燃耗压水堆燃料元件开发研制耐腐蚀性能更好的改造型低锡锆合金和锆铌合金。如法国法马通公司采用再结晶退火工艺的 M4 合金（含 0.5%Sn、0.6%Fe、0.4%V）和采用低温加工工艺的 M5 合金（含 1%Nb、0.125%O、0.002%S 比 Zr-1%Nb 提高了氧含量，加入微量硫，又称为 Zr-Nb-O 三元合金），均以严格控制的加工工艺保证得到所要的精细显微组织和优良的抗腐蚀、吸氢、蠕变和辐照生长性能。两者与 Zr-4 合金比较：(1) 水侧氧化膜厚度分别减小至 1/2 和 1/3（在 55 000 MW·d/tU 的燃耗下）；(2) 吸氢量分别下降至 1/3 和 1/4；(3) 蠕变速率降低至 1/2，从而提高了抗芯块-包壳相互作用的能力；(4) 辐照生长减小至 1/2；(5) 在大破口失水事故情况下性能大大改善，能满足局部最大氧化量<17%壁厚的准则要求。M5 合金将用作 AFA3G 燃料组件包壳材料。美国西屋公司开发的锆铌系 ZIRLO 合金（含 1%Nb、1%Sn、0.1%Fe，锡和铁含量低于 Zr-4 合金，不含铬），其腐蚀速率为 Zr-4 合金的 30%~40%，辐照生长为 Zr-4 合金的 60%，蠕变也比 Zr_4 低 20%，已用作 Performance^{+}燃料组件的包壳、导向管和定位格架材料。俄罗斯在 Zr-1%铌合金基础上开发的 E635 合金（含 1%Nb、1.3%Sn、0.35%Fe），其耐腐蚀、辐照生长和辐照蠕变性能均显著优于原来的 Zr-1%铌合金，将用作新的燃料组件结构材料。以上几种新型包壳材料据称均可保证组件卸料燃耗达到 55 000 MW·d/tU 以上。

15.5.1 M5 合金的主要成分

表 15-15 是法国法马通 M5 合金的主要成分。

表 15-15 法国法马通 M5 合金的主要成分

元素	最小	最大
Nb（质量百分含量）	0.80%	1.20%
O	1 100 ppm	1 700 ppm
S	10 ppm	35 ppm
Zr	余量	

15.5.2 M5 的杂质含量

表 15-16 是法国法马通 M5 合金的主要杂质含量。

表 15-16 法国法马通 M5 合金的主要杂质含量

杂质	含量/ppm(最大)	杂质	含量/ppm(最大)	杂质	含量/ppm(最大)
Al	75	Cr	150	Mg	20
N	80	Co	10	Mn	50
B	0.5	Cu	50	Mo	50
Cd	0.5	Zn	100	Ni	70
Ca	30	Fe	500	P	20
C	100	Hf	100	Pb	130
Cl	20	H	25	Si	120
Na	20	Ta	100	Ti	50
W	100	U	3.5	V	50

第 16 章　燃料元件堆内使用性能分析

16.1　燃料棒堆内试验概况

国外压水堆燃料棒的发展经历了不锈钢活性区和锆合金活性区两个时期。目前,锆合金活性区已经取代不锈钢活性区,不锈钢包壳燃料在压水堆燃料元件发展过程中曾起过重要作用,为锆合金包壳燃料的发展奠定了基础,提供了大量经验,诸如化学补偿、棒束控制、燃料分区、弹簧定位格架等。

燃料组件破损通常是指任何形式的包壳破裂或任何形式的结构损坏(例如变形或破损),从安全角度考虑,需要对组件进行异常修理或提前更换。

在水堆燃料中,压水堆用的不锈钢包壳燃料的破损率最低,燃料棒的平均破损率为0.02%。不锈钢包壳燃料的破损机理是应力腐蚀裂纹。严格规定包壳和冷却剂中的杂质含量,并限制包壳的初始冷作量,大大降低了包壳破损。

锆合金包壳燃料的运行情况也是很好的,而且越来越好,有些堆在几个运行周期内,破损率为零。破损主要是由包壳倒塌和一次氢化引起的。燃料密实和包壳氢化是水堆燃料出现过的最普遍、最严重的缺陷。从造成的燃料棒泄漏数量看,包壳氢化是最有害的;而从造成的核工业损失看,燃料密实超过氢化。此外,压水堆燃料还发生过燃料棒长大及弯曲、燃料—包壳相互作用、磨蚀和腐蚀等破损现象。

通常,堆装置的净化系统设计允许1%的燃料棒发生泄漏,只要冷却剂活性水平不超过法定限量,反应堆就仍在一定功率水平带着燃料缺陷继续运行,直到下次计划换料停堆为止。

燃料组件破损是难免的,一方面,燃料性能较前显著提高,而几乎全部破损机理都与棒功率有关;另一方面,在设计、制造第一代锆合金包壳燃料时,燃料厂家缺乏经验,由于过分担心高燃耗时的燃料肿胀问题,降低了芯块初始密度,结果造成包壳氢化和倒塌;由于不认识锆合金辐照长大现象,导致燃料棒和组件的弯曲。

为了解决燃料在堆运行中出现的问题,在国外,燃料设计、制造和运行部门密切合作,对破损机理、破损原因和改进措施都有了明确的认识,因此燃料质量更高,运行更可靠,基本上消除了上述现象,只有严重的功率剧增下的芯块—包壳相互作用(PCI)现象还未能杜绝,但最近在其机理的认识以及预防措施方面都有很大进展。运行经验表明,运行后期的燃料肿胀、包壳吸氢、包壳疲劳、严重的锆合金脆化等现象,从未导致燃料破损。

本章主要以美国西屋公司和西德 KWU 的燃料运行经验作为评述依据。

16.2　燃料元件堆内的外表面腐蚀

16.2.1　疖状腐蚀(nodular corrosion)

疖状腐蚀是一种局部的白色、圆形氧化斑。直径 0.2~0.5 mm。浸蚀深度从 10 μm 到

100 μm 不等。有的可达 200 μm。

疖状腐蚀的分布和深度,与中子通量有关。可能存在一个通量阀,疖状形成之前要超过它。

这种腐蚀只有腐蚀转折后才发生。一个明显的特征是,它集中在某些流动被搅乱的地方,如定位架处。有人认为,这是流体通过定位架时,蒸汽和水的比例以及液相中的化学成分的变化所致。这种腐蚀对吸氢的影响可以忽略不计。

16.2.2 水垢

锆合金在水中腐蚀时,所产生的全部氧化锆,都留在受腐蚀的金属基体上。不锈钢则不然,其大部分腐蚀产物以离子或胶状物质形式放到水中去。这些物质的沉淀,将导致燃料棒表面上形成水垢。其主要成分是:Fe_2O_3、Fe_3O_4,其他为 Ni、Cr、Cu 的氧化物。

大的热交换器表面,每天将产生几百克的腐蚀产物。

水垢层的传热机理,随其种类和表面热通量而变化。疏松的、多孔的水垢,其中有 2~4 μm 的通道,能使水和蒸汽通过,称为“灯芯沸腾”(Wick boiling),因此,温升不大,即使 0.1 mm 这样厚的水垢也是允许的。

密实的,或含闭孔型的水垢,在较高的发热率下,孔隙中将填满蒸汽,使温升较大。这种密实的膜,有时可能从包壳上翘起,形成隔离层,蒸汽充满其间,使温度明显升高,很快产生腐蚀缺陷。这是因为停滞的蒸汽导热率是极低的。

某些金属离子(知道的有 Cu、Mg、Ca 等),可以形成一种粘紧的膜将水垢中小通道堵塞,使其传热恶化。

水垢主要是提高包壳的有效温度而影响腐蚀,或者当一小片腐蚀膜崩脱时发生温度冲击。包壳表面沉积物严重时,可堵塞流道,使周围元件的换热恶化。

水垢沉积的速率和水化学、一回路结构材料、燃料棒的热通量有关,辐照损伤对其也有影响。

水垢厚度并不随时间而均匀增加,而是较快地达到某一平衡值。

PWR 中,由于加碱,有效地减轻了不锈钢的腐蚀和水垢沉积。加入 1~2 ppm 的锂就能把水垢减至最小。氢过压后使水中的含氧量降低,对不锈钢的腐蚀也减轻很多。

16.2.3 腐蚀

锆非常活泼,但又有良好的抗腐蚀能力,主要是由于起保护作用的“障碍膜”(barrier layer)制止了继续氧化。如果用机械方法(磨或敲)不断地破坏这层膜,则锆合金就会在相当短的时间内被继续腐蚀坏。

可能的机理如下:

(1)磨或在接触点上障碍膜与锆合金“微观焊上”而又撕开,使金属颗粒掉下来。

(2)掉下来的金属颗粒或接触处捕集的颗粒形成研磨剂,使障碍膜与锆合金不断研磨。

(3)不断刮擦有保护作用的氧化膜,使金属直接氧化。对锆合金来说,最易受此损害。

(4)表面疲劳机理认为,一个表面遭受到不断的滑动、滚轧、碰撞等反复应变循环,就出现疲劳,使表面或其附近出现初始裂纹。一般是几种机理的综合作用。

腐蚀的程度主要与接触压力、循环次数、频率和幅度及温度等有关。

为了对锆合金部件磨损进行分析和预测,就滑动来说,通常采用以下公式:

$$V = \frac{SFL}{3H}$$

式中 V——磨损体积,mm^3;

S——研磨系数(Wear coefficient);

F——接触表面的正压力,N;

L—相对运动的总长度,mm;

H——硬度,N/mm^2。

S 由模拟实验来确定。按照西德 KWU 的计算和其他发表的一些数据,S 在 10^{-1} 和 10^{-5} 之间。并认为,不锈钢和因科镍部件与锆合金部件之间的磨蚀,在锆合金产生的金属损失比在其他材料中高得多。

在运行时,燃料棒、燃料组件和堆内其他部件总有一定程度的振动。包壳的向内蠕变使棒径减小,以及定位格架弹簧的应力松弛,就可能使接触处产生振动。一回路系统中的一些金属屑,最容易被定位格架的子通道捕集而磨蚀锆管。因此,一些主要磨蚀事故几乎都发生在定位格架处。而今后仍有可能成为破损的原因之一。

燃料棒的振动力在组件下端处最大。原因是下管座处水流挠动最厉害。目前,所看到的磨蚀都发生在最下面一层定位格架处或下端支承处。

16.3 一次氢化破坏

16.3.1 一次氢化破坏事例

锆合金包壳燃料棒在两种截然不同的情况下容易产生严重的内部氢化破坏。在燃料棒制造过程中棒内沾污大量的含氢物质从燃料棒内部产生最终扩展到棒外部的氢化破坏,称为一次氢化破坏。某种机理使燃料棒的初始裂纹暴露开来,冷却剂进入棒内,同样能造成燃料棒局部氢化,称为二次氢化破坏。实际上,只要发生一次氢化破坏(包壳穿孔),则二次氢化就不可避免了。

早在 1960 年就发现了一次氢化破坏,以后又在几个堆的燃料上出现了氢化破坏。到了 20 世纪 60 年代末,为了补偿高燃耗时的燃料肿胀,普遍使用低密度的燃料芯块,但芯块初始密度低于 92%理论密度容易吸水,那时各燃料厂家都不完全了解。这样,水堆燃料普遍发生了严重的氢化破坏,有 5 个压水堆的燃料的氢化破损率等于或大于 0.1%。

氢化破坏大约属于寿命早期破坏,通常出现在第一个运行周期内,大约在 1 000 h 满功率运动后出现。

16.3.2 燃料棒内氢的来源

燃料棒内的氢主要来自 UO_2 芯块中残留的水分和溶解在芯块中的或闭气孔内容纳的氢原子。其他来源如填充气体内的杂质和包壳内表面的吸附水分等是可以忽略的。

UO_2 芯块是一种优良的干燥剂,在大气中容易吸水,吸水量与大气湿度、时间、芯块开口孔等因素有关。芯块吸水速度很快,几分钟到几小时就达到饱和,这与开口孔率有关。开口孔率决定着芯块"内"表面吸附面积大小。当开口孔率大于 5%时,吸附面积急剧增加。例如密度为 92%理论密度的芯块,吸附面积可达 100 cm^2/g,能吸附 100 ppm 的水,密度低于 92%理论密度的芯块,吸水更多。据西德 KWU 报道,芯块密度≥95%理论密度(10.25 g/cm^3),在“正常”空气中贮存时的芯块的吸水量为 3~10 ppm(0.3~1.1 ppm 总当量氢含量),当芯块密度<93%理论密度(10.2 g/cm^3)时,吸水量>20ppm。目前,芯块密度通常为95%理论密度(10.41 g/cm^3),当量氢含量约为 0.6 ppm。

芯块在进行湿法磨削时能够大量吸水。因此,目前普遍采用干法磨削,有的厂家正准备不磨削。

成品燃料棒内的芯块含水量取决于装管后的干燥工艺和封装工艺。

通常采用高温萃取法检查芯块总的“当量氢含量”。所谓“当量氢含量”为水分折算成的氢量与芯块烧结时吸氢量之和。

16.3.3 氢化机理及缺陷发展过程

锆合金包壳氢化的根本原因是棒内含有足够的氢杂质。一般认为,不论其化学状态如何,最终均能参与锆合金氢化。在运行中氢杂质陆续释放出来,当棒内气氛由氧化气氛逐渐变成缺氧富氢气氛时,局部氧化膜可能被击穿,或受到其他作用的损伤而又不能修补完好,这些部位就成为迅速吸氢的陷阱,当氢浓度超过氢在锆合金内的溶解度并且吸氢速率超过氢扩散速率时,大量氢化物析出,形成日爆状缺陷。

初始氢化部位或部位簇在包壳内表面上的分布是无规律的,集中在较冷端尤其是下端,或者因表面状态、温度、组织不同而异。偶尔在含水分很高的燃料芯块附近也可能出现氢化部位。一般来说,初始氢化部位数量很少,这是由于一旦开始氢化反应,反应速度很快。

实际上,包壳内表面总会生产一层或厚或薄的氧化膜,但在焊接热影响区或划伤处没有。在反应堆第一次提升功率时,燃料中的水分释放出来,没有氧化膜的地方优先被氧化,把氧化膜修补完好。这层致密的完好的氧化膜具有保护性,氢难以渗透过去。

在运行中,下述过程逐渐改变着棒内气氛的组成:包壳内表面均匀氧化产生氢($Zr+2H_2O \longrightarrow ZrO_2+2H_2$);蒸汽与 UO_2 反应生成氢($3UO_2+H_2O \longrightarrow U_3O_8+2H_2$);一部分水辐解成氢($H_2O \longrightarrow H^++OH^-$);芯块中溶解的或容纳的氢不断释放;有机物杂质(如果有的话)辐解产生氢。这样,棒内分压降低。当 H_2O/H_2 之比达到某一临界值时,就由氧化气氛变成非氧化气氛,开始发生有害的氢化,关于 H_2O/H_2 之比,大致在 10^{-5}~10^{-3} 范围内。

随着氢压增加而“氧饥荒”(oxygen starvation),氧的化学势降低。在 H_2O/H_2 比为 10^{-3} 到 10^{-2} 范围内,吸氢率大约变化三个数量级。同时燃料的氧铀比降低,这表明在一段时间内,棒内的 H_2O/H_2 比可由燃料加以缓冲。然而,在继续运行中,包壳内表面均匀氧化,消耗大量的氢。

试验表明,经过化学抛光的 ZrO_2 表面有一层薄氧化膜,若长时间置露在高温缺氧的气氛中。就导致 ZrO_2 膜出现缺陷(氧阴离子空位)。由于氧阴离子空位浓度增加,氢穿过氧化膜的扩散速度增加,当增加到允许迅速渗透时,就达到所谓“膜击穿”点,或“氧化膜局部失去钝性”,这时 ZrO_2 腐蚀膜电阻大大下降,表明氧化膜形态发生剧烈变化。由此可知,包壳内表面上的初始氧化膜只起暂时性的保护作用,不能永久地防止局部氢化。

氧化膜除因“氧饥荒”而被击穿外,还受到化学核素、燃料的机械作用、辐照等的损伤。

即使存在讨量的氧,诸如卤素(氟、氯、碘)和氢氧化铯等也会作为催化剂与氧化膜发生某种反应生成卤氧络合物和锆酸铯,使氧化膜失去钝性。

辐照的有害作用除产生碘和铯等核素外，还使水或有机物杂质辐解产生氢，并且裂变碎片损伤氧化膜结构。

一旦氧化膜出现缺口，此处就迅速地大量吸氢。吸氢的过程为：表面吸氢；氢溶解在表面上并且离开表面向内扩散；表面饱和后形成氢化物层。吸氢速率取决于温度氢分压。吸氢的同时，氢向温度低的方向扩散。当吸氢超过扩散速率时，氢化物析出。在氢压大约高于 10^{-4} 大气压时，保护膜包壳上一个很小的（$10^{-4}\ cm^2$）无膜面的吸氢速率大于扩散速率。Zr 变成 $ZrH_{1.6}$ 体积膨胀 13%，局部应力场氢化物取向呈放射状，人们形象地称之为“太阳状缺陷”。这样大小的缺陷如不继续发展，危害不大，但具有潜在危险。假如没有它，在一次功率剧增后不会立即发生很多缺陷。氢不断地在包壳内壁向外壁扩散，又使内壁的 $ZrH_{1.6}$ 变成 Zr，体积收缩，形成裂纹和夹层。这样，局部温度升高，促使氢化缺陷向外扩展，在包壳外壁出现突起或鼓包，直径为 3~6 mm。在功率变化（如功率剧增）时，包壳受到很高的拉应力，这些脆弱的鼓包就会破裂，导致燃料棒泄漏。这就是锆合金包壳的一次氢化破坏。

在中等功率到高功率范围内，发生氢化物破坏的棒数占总破坏棒数的 93%，这大概与芯块—包壳机械相互作用、氧化膜破裂、包壳内表面温度较高等有关。这表明氢化与棒功率是有关系的。然而，中等功率棒的破坏率（51%）还高于高功率的破坏率（42%），而且并非全部较高功率的棒总是破坏而较低功率的棒从未破坏。这表明棒功率并非主要的影响参数。

不同的包壳内表面处理对氢化的影响是很明显的。堆外试验结果表明，酸洗表面和喷砂表面都发生了太阳状缺陷，而经过高压釜氧化处理的表面，甚至在试验前故意划伤表面，也未出现太阳状缺陷。但是，英国重水堆燃料经验表明，预先氧化的表面比喷砂表面更容易发生氧化。这是因为这层预先氧化膜大大降低了包壳均匀吸氢速率，使棒内保持越来越高的氢分压，一旦氧化膜出现“薄弱点”，该点就立即大量吸氢。因此包壳内表面进行喷砂处理的燃料棒，临界氢浓度高；包壳内表面进行氧化处理的燃料棒，临界氢浓度低。总之，对于压水堆燃料包壳，内表面进行喷砂处理对于防止氢化破坏是有利的。

在端塞或端塞附近发生过为数不多的氢化缺陷。目前有两种不同的解释：一部分蒸汽进入隙缝，过早地造成缺氧富氢的气氛；或者，在接近端塞面中心的最热点出现氢化，而后顺温度梯度扩散到隙缝面上。此外，由于棒两端温度低，因此水蒸气及挥发性产物浓度较高，但氢化物溶解度和氢扩散速率却较低。防止这类氢化破坏的措施是改进端塞设计和在燃料芯块与下端塞之间放置隔热块。

16.3.4 关于燃料含水量的要求

从堆内运行经验看，水分和氟是最有害的杂质。技术要求规定 H_2O 和 F 的含量都小于 10 ppm。工艺上实际达到 H_2O 和 F 的含量都小于 5 ppm，通常 H_2O 为 1~3 ppm，F 为 2~6 ppm。

大量堆内数据表明，最明显的破坏/不破坏的界限是 2 mg/cm^3 自由冷容积。但是，棒内含水量高于上述值并非总是发生氢化破坏，但低于上述值从未发生氢化破坏。破坏/不破坏边界与氟化物无关。

16.3.5 消除氢化破坏的措施

（1）提高燃料芯块初始密度（94%~95%理论密度），减少开口孔率，降低芯块吸水量。

(2)烘干芯块或燃料棒高温真空除气。

(3)限制芯块中的氟杂质低于 10 ppm。另外,压水堆燃料包壳的表面处理最好采用内表面喷砂、外表面抛光的方法。

(4)采用先进的设备,改进封装工艺,防止燃料棒制造过程中沾污杂质。

(5)燃料棒内放置吸气剂。

16.4 燃料密实和包壳倒塌

16.4.1 现象

包壳倒塌出现在没有预加压或预加压压力很低的燃料上。有的燃料区包壳倒塌现象很严重。提高预加压压力后,不再发生包壳倒塌现象了。

倒塌段出现在棒上部 40% 长度上,尤其是 3.03 ~ 3.55 m 之间。倒塌段长度为 13~83 mm,越接近棒上端,倒塌段越长。长的倒塌段往往完全被压扁,偶尔受到碎芯块支承未被完全压扁;由于端部支承效应,短的倒塌段通常未被完全压扁。倒塌棒大多数没有泄漏,发生泄漏的只有 3%~22%,这是由于倒塌段局部应变很高(约 25%)。

热室检查结果表明,燃料摞中轴向间隙的形成是由燃料密实造成的轴向收缩。

16.4.2 影响

在稳态运行时,燃料密实并不显著降低燃料棒可靠性,因为 DNB 裕量、中心熔化及棒机械设计的限制足以补偿密实造成的不利影响(如局部功率峰等)。密实的主要影响是降低失水事故(LOCA)下的安全裕量。以下总结了密实对轻水堆工业的打击。

(1)芯块径向收缩,增大了芯块-包壳间隙,使燃料温度升高。

(2)燃料摞中的轴向间隙,可能导致包壳发生蠕变倒塌。

(3)一部分倒塌包壳发生泄漏,增加了冷却剂水平,但远低于技术规定限值。

(4)在燃料密实/包壳倒塌问题彻底解决之前,前美国原子能委员会对一些堆提出了运行限制,包括降低运行功率(25%),有时同时降低运行压力,以便达到预计的运行时间又防止包壳倒塌。

(5)迫使各厂家进行广泛的试验研究,从而导致设计上和制造工艺上的重要改进。

16.4.3 包壳倒塌原因

在冷却剂工作温度和工作压力下,未加压燃料棒内的燃料摞中一旦出现轴向间隙,包壳就有可能蠕变倒塌在这些间隙上。

燃料摞中间隙的形成是由于两种效应共同作用的结果,即:(1)包壳辐照长大使其长度增加而燃料密实使其长度缩短,两者之间的相对配置发生变化;(2)若干块芯块“悬空”,阻止其上芯块复位。总之,燃料密实和燃料-包壳机械相互作用的结果,导致燃料摞中的轴向间隙。轴向间隙随棒高度、燃料密实量和包壳长大量增加而增加。芯块悬空的可能性与包壳的蠕变率和椭圆度以及芯块的尺寸行为和开裂形式有关。显然,预加压与否对间隙的形成起着决定性的作用,未加压棒内的间隙数量约为预加压棒的三倍多。另外其他参数如包壳的壁厚与直径之比、燃料的稳定性也影响间隙数量。

在冷却剂工作压力和快中子通量作用下,包壳向里蠕变而呈椭圆,直到椭圆短轴与芯块接触。接触后,包壳继续向里蠕变就使椭圆度减小而接触面积增加,甚至包壳完全贴在芯块上。可见,包壳向里蠕变是造成芯块悬空的主要原因。在轴向间隙段,由于没有芯块支承,包壳椭圆度就会逐渐增大,最后被压扁甚至完全被压扁,这就是包壳蠕变倒塌现象。

在 250~350 ℃温度范围内应力为 5~12 kg/mm^2 时,包壳的蠕变变形主要是由于辐照蠕变。一般说来,蠕变与快中子通量、应力和时间有关。

对于蠕变速率与应力平方成正比的材料,包壳的椭圆度可用下述经验公式进行计算:

$$O_\xi = O_o \exp\left(8\xi \frac{r^2}{s^2}\right)$$

式中 O_ξ——预计的椭圆度;

O_o——初始的椭圆度;

ξ——外压下平均蠕变变形;

r——包壳半径;

s——包壳厚度。

包壳倒塌的可能性主要取决于外压大小,包壳厚度与直径比,初始椭圆度,偏心度,燃料摞内的轴向间隙。

据美国原子能委员会管制部估算:在典型的压水堆条件下,快中子通量为 5×10^{13} $n/cm^2 \cdot s$,未加压的燃料棒在第一个运行周期内(约 8 000 h)发生包壳倒塌。如果将压差减小到原来的 1/4,预计倒塌时间将超过第三个运行周期。

16.4.4 燃料密实模型

Marlowe(GE)模型是在 Coble 模型的基础上建立的。Coble 最早采用空位扩散模型分析热激密实(中间和最终阶段的热烧结)。燃料的位移峰产生的辐照加速扩散对空位迁移和气孔收缩起主要作用,因此 Maulowe 模型被称为“辐照加速扩散模型”。

Maulowe 模型的优点是使用方便。由此模型可以推导模拟或检查芯块堆内密实行为的堆外复烧参数(时间和温度)。

Assmann-Stehle 模型是人们普遍接受的一个模型。模型包括两个主要过程:在孔洞周围产生过高的空位浓度;由扩散作用将部分空位迁移到晶界,这两个过程是连续的,是由热激发和(或)裂变峰作用引起的。因为裂变峰与孔洞的相互作用产生的空位占优势,因此辐照引起的密实模型称为“裂变峰孔洞重叠模型”。模型将孔洞分为微孔(≤0.1 μm)和大孔(≥0.1 μm)两种情况,每一种情况又分为四个温度区,分别进行处理(表 16-1、表 16-2)。

表 16-1 微孔和大孔的不同密实行为

项目	微孔(≤0.1 μm)	大孔(≥0.1 μm)
初始数量与裂变峰相互作用	大量的,所占体积份额很小	小量的,所占体积份额大
产生的空位的行为	经一次碰撞就雾化成空位新孔就地成核,由大孔捕集,少量迁移到晶界	一部分复合,或迁移到晶界
对密实的贡献	初始密实快,对烧结质量好的芯块不重要	密实速度慢,对于平衡裂变产物引起的基体肿胀是有效的

表 16-2 UO_2 热密实和非热密实的温度区(两区间的转变温度取决于裂变率)

项目		空位产生	空位位移
Ⅰ区	≤450 ℃	非热	非热
Ⅱ区	450~750 ℃	非热	热(控制速率)
Ⅲ区	750~1 300 ℃	非热(控制速度)	热
Ⅳ区	≥1 300 ℃	热	热

16.4.5 燃料密实试验结果

试验表明,许多因素影响燃料密实性能。芯块的显微组织是控制其尺寸稳定性的最重要的参数。密度低、孔洞小、晶粒小的芯块最不稳定;相反,密度高、孔洞大、晶粒度大的芯块最稳定。

芯块密度高于93%理论密度,密度变化很小;密度低于93%理论密度,密度变化急剧;90%理论密度的芯块,密度大约增加7%。

晶粒尺寸约大于10 μm的芯块,或中等的直径大于1 μm的芯块是稳定的。最佳的显微组织似乎是:直径小于1~2 μm的孔洞所占的体积很小,大部分孔洞的直径为1.5~10 μm,晶粒尺寸为5~10 μm。

烧结温度不低于1 700 ℃,而且添加造孔剂对于获得稳定组织也是很有效的。

在辐照过程中,孔洞尺寸分布是不断变化的。具有稳定组织的芯块,孔洞尺寸分布变化缓慢,不明显,在辐照中晶粒尺寸没有明显变化。燃耗对密实动力学有明显影响。辐照初期密实速率很高,不久很快下降。

燃料温度对密实的影响是复杂的。温度低于430 ℃,由于空位迁移率很低,不发生密实;在中温区(500~750 ℃)密实速率随温度升高而增加,这是由于达到过量空位湮没率等于产生率的稳态需要较长时间;在高温区(750~1 100 ℃),由于达到稳态空位浓度的时间很短,密实与温度无关。还应当指出,温度低于1 000 ℃,不会发生热密实,只有当温度超过1 200 ℃时,才能发生可以测出的热密实。

16.4.6 减少燃料密实,防止包壳倒塌的措施

由于在燃料设计上和制造上的重大改进,目前彻底解决了燃料密实和包壳倒塌问题。

(1)将芯块初始密度提高到94%~95%理论密度。

(2)提高烧结温度,一般不低于1 700 ℃。

(3)控制 UO_2 粉末特性,添加造孔剂,以获得最佳化的显微组织。

(4)同时采用稳定化燃料和棒内预加压,是防止包壳倒塌的双重保险措施。

适当增加包壳的壁厚与直径比,对于防止包壳倒塌也是有利的。

16.5 芯块-包壳之间的相互作用(PCI)

对PCI破损的研究,起源于20世纪60年代中期。早期的PCI研究多集中于机械相互作用方面。后来才发现,裂变产物对包壳的化学作用具有同等重要的地位。

16.5.1 机械相互作用

芯块和包壳相互作用,是包壳中产生应力的主要根源。由于 UO_2 芯块比锆合金包壳管的热膨胀系数大(分别为 11×10^{-6}/℃和 6.2×10^{-6}/℃),而且温度高,又产生裂纹和辐照肿胀,因此,它们之间就有可能牢固接触而产生机械相互作用。这种相互作用一般由包壳长度和直径变化,以及芯块与芯块分界面处包壳表面上形成环脊而表现出来。

16.5.1.1 轴向变形

燃料棒的轴向变形由三部分组成:

(1)各向异性的蠕变;

(2)锆合金包壳的无应力辐照增长;

(3)芯块-包壳之间的机械作用。

其中(1)(2)在下节中有专门论述。

燃料棒在制造时沿轴向并未装满芯块,在芯块和包壳之间的径向也留有一定的间隙。功率提升的初期阶段(寿期开始),包壳和芯块各自按其热膨胀系数而伸长。但是,芯块温度的增加要快得多,于是径向间隙组件减小。达到某个临界发热率时,芯块就会与包壳接触。这时,由于芯块的热膨胀,燃料中将产生压应力,因而包壳中受拉应力。当它们之间摩擦力足够大时,包壳就会随着芯块一起伸长。当功率下降时,芯块摞在重力作用下重新摞在燃料棒底部。下一次提升功率到一定水平,芯块还能再次引起包壳伸长,而每次都有一定的塑性变形,这就是元件棒轴向变形的棘轮机理。

对于处在中子通量峰值的燃料棒来说,情况就更加复杂。峰值处的芯块将首先达到相互作用的临界功率而与包壳牢固接触,它像塞子把下半截芯块和位于顶部的轴向空腔隔开,使下部包壳在它们相互作用之前就被拉长了。

研究还发现,在功率水平低于热膨胀差而使芯块和包壳径向间隙闭合所需功率时,它们之间就发生了牢固接触,其主要原因是芯块端面不垂直而引起的翘起和燃料碎块的堵塞。

16.5.1.2 径向变形

芯块的热膨胀、破裂、翘起、肿胀以及碎块的重新定位都有可能引起包壳的径向变形。

在温度梯度作用下,一个有限长的圆柱体就趋于沙漏形(因为芯块的中心温度明显地比外围部分高)。从燃料棒的外观来看,沿轴向就会出现有规律的环脊—竹节状。

(1)环脊引起的应变

包壳上环脊处的应变可以计算出来。其周向应变为

$$\varepsilon = h/r$$

其中 ε——应变;

h——环脊处高于周围包壳表面的高度;

r——包壳半径。

轴向最大应变发生在环脊最高点表面。一个简化公式为

$$\varepsilon = 2.77ht/Z^2$$

其中 t——包壳壁厚;

Z——环脊半高度处的宽度。

环脊处的应变要叠加在总的有效应变上。在发热率为 600 W/cm 时形成的“标准”环

脊,径向应变大约为0.5%,轴向应变在0.25%~0.5%之间。

(2) 应变集中

UO_2 在运行中将因热应力而碎裂。在温度高的中心区裂纹的形式是可变的;在较冷的外圈,裂纹一旦形成后将不再改变。功率提升时,芯块外围和中心区的不同热膨胀(温度不同)是通过外围碎块之间裂纹的张开来适应的。如果芯块和包壳之间是完全结合的,那么,随着芯块裂纹的张开,包壳就会立刻出现裂纹。幸好,即使在最严重的情况下,它们之间总是有些滑动的。这就在包壳中产生应力梯度,对着裂口处的应力最大,其程度要看它们之间摩擦力的大小。这种应力集中所造成的应变在功率下降时也不能完全消失。经过多次循环,该部分包壳壁厚就逐渐变薄。

在失稳情况下,包壳中的平均应变可由下式表示:

$$\overline{\varepsilon_i} = \frac{Cn^2}{2\pi\mu}$$

其中 $\overline{\varepsilon_i}$——失稳下的平均应变;

μ——摩擦系数;

n——应变硬化系数;

C——芯块中的裂纹数。

如果 $n=0.03$, $C=10$, $\mu=0.5$,则 $\overline{\varepsilon_i}=0.3\%$。

必须强调的是,往往由于包壳的椭圆、弯曲等原因,在同一断面上应变可能分布的很不对称,结果使局部应变很大,从而增加了破损的可能性。

16.5.2 应力腐蚀裂纹(SCC)

虽然并非所有的功率剧增造成的燃料元件破损都与应力腐蚀有关(有时破损在很低燃耗下发生),但是,从堆外试验和堆内破损检查证实,绝大部分PCI破损实质就是SCC。

从PCI破口断面来看,裂纹从内表面发生。其结构特征是,从里到外分三区:晶间腐蚀区,该区由于侵蚀和氧化,机构通常相当模糊;劈裂区,劈裂是由于晶体在滑移面上(一般是锆六方晶的基面)产生剪力位移引起的;最外面是延性破裂区,由于裂痕的延伸,作用在未断包壳上的应力越来越高,终于导致其延性破裂。

破口区部分是脆性的,部分是延性的,有潜伏期。随冷却剂温度的升高,断裂时的应变不断减小。

对腐蚀裂纹起支配作用的因素是一定量的裂变产物而不是包壳的辐照脆化。裂变产物中,最重要的是那些挥发性的,并能从芯块中逸出的产物。氪和氙与锆相容,并不影响其性能。碘可能是最有害的。铯在运行温度下也是挥发性的,并常常凝聚在包壳内表面,特别是冷端或靠近芯块端部处,从热力学上看,铯和碘的亲和力很强,但是SCC只有碘或化学稳定性低的碘化物(ZrI_4)才能引起,而不会是较稳定的铯碘化物。元件棒内存在游离的碘。

除了铯和碘之外,还应考虑镉和银。这两种元素即使在高燃耗的燃料中,可利用的量也是很少的,镉和锆合金是一种强脆化剂,主要在运行后期起作用。

功率剧增后,作为PCI破损的一个特征,冷却剂中$^{133}Xe/^{131}I$比值较高。从这个特点看出,功率剧增所影响到的燃料棒,只有40%~60%在剧增后就发展为穿透性缺陷,而另一些,则只形成初始裂纹,在以后的较小功率变化时破坏(二次缺陷)。这些缺陷多集中在包壳最高温度处,对于 PWR 一般集中在燃料棒的上半部。

单轴拉伸条件下,不会出现 SCC。而包壳在芯块之间界面处及对着芯块裂口处的应力往往是双轴的,应力比接近于 1,此处裂变气体也容易放出。因此,SCC 也总是在这些地方出现。

产生 SCC 有一个应力阈,低于它就不会发生。产生 SCC 还需要一定的碘浓度。

16.5.3 应变疲劳

压水堆所具有的系统压力和温度,能够在包壳中产生相当大的蠕变变形。在功率循环条件下就有应变疲劳问题。

Siemene 在 Petten 堆中使用 PWR 燃料于 9.2 和 18.3 kW/ft(300 和 600 W/cm)之间经受了 400 次循环,在 Obrigheim 堆上,于 7.5 和 15 kW/ft(245 和 490 W/cm)之间经受了 900 次循环(每天两次)而没有被破坏。辐照后,对包壳进行检查并未发现功率循环产生的特征,尤其没有发现机械损伤或初始裂纹。因此,可以说应变疲劳并非功率循环的障碍。

实际测量结果表明,对于大的功率循环,包壳中应变循环的幅度也只有约 0.1%,在弹性范围之内。所以,在一些辐照试验中经受过几百次功率循环的燃料棒没有被破坏并不意外。

16.5.4 影响因素

影响 PCI 破损的因素很多。从芯块、包壳的尺寸、形状及性能,到设计参数、运行历史和状态都从不同的角度影响 PCI 的发生、发展和结果。

16.5.4.1 UO_2 芯块的密度

密度在芯块—包壳相互作用中是一个相当重要的参数,低密度的芯块其变形比较容易,有塑性流动的余地。

试验证明,密度对环脊的影响比较复杂。93.3% T.D 的芯块引起的环脊最高。而 90.1% T.D 和 95.8% T.D 的芯块差不多。显然,低密度的芯块中流动占上风,而高密度芯块由于热导较好,温度起主要作用。

由于高密度芯块对于燃料元件运行时芯块密实化和包壳内部氢化更加重要,因此,现代 PWR 中广泛采用的是稳定化的 95%T.D 左右的芯块。

16.5.4.2 芯块形状

芯块的高度、直径之比和端部形状在 PCI 中对包壳的变形有明显影响。较短的芯块,热畸变(沙漏形)较小,可减轻包壳的轴向伸长和环脊。过长的芯块还可引起二次环脊。当然,芯块太短,加工制造就不经济。通常采用的高度、直径比在 1~1.5 之间。碟形端面的芯块由于限制了其热膨胀而使芯块伸长较小。然而,它所形成的环脊要比平端芯块高。其原因可能是由于轴向力作用于碟形肩部,增大了沙漏形的结果。而平端芯块,相对来说具有较大的保持力。倒角的芯块有助于减小包壳的伸长和环脊。芯块的棱角弄圆钝后,它可以沿着包壳内表面滑动。而且,倒角后形成楔形燃料碎块的机会就少。

综合考虑,高密度芯块最好是采用短而倒角的碟形面;而低密度芯块,则以平端为好。P. Kman 认为,高度、直径比接近于 1,两端为碟形,是一种可选用的最好形式。

16.5.4.3 芯块—包壳的径向间隙

径向间隙在控制包壳应变方面是最有影响的一个因素,也是设计时最容易改变的一个参数。增加间隙能推迟相互作用的起始点,从而减小了包壳的变形。窄小间隙,热负荷增加 300 W/cm 就容易出现 0.7%的塑性变形,而宽裕间隙,这时候还没有发生相互作用。

在加大冷态径向间隙以减小包壳应变时,必须记住,这样做可能使反应堆在最低功率运行时的间隙过大。

16.5.4.4　包壳性能

提高包壳强度或增加厚度可望减小其变形。因为它将促使 UO_2 进入可利用空间的塑性流动,同时,也可降低蠕变速率,推迟相互作用的时间。

锆合金的状态、热处理、织构、表面处理等对 SCC 都有重要影响。

16.5.4.5　功率

对于给定的提升速率,包壳总的轴向变形随着功率的增加而增加。而环脊高度与功率成正比。

在 PCI 破损之前,要超过某个临界功率,此值的大小,取决于设计参数、过去的运行历史。功率剧增的起始点的功率水平对燃料棒破损的影响也相当大。

16.5.4.6　功率提升速率

对包壳应变来说,这是一个特别重要的因素。提升速度越高,包壳中引起的应变就越大,因为 UO_2 还来不及发生塑性流动。况且,芯块还会产生快速肿胀。

芯块与包壳开始接触时的功率随着提升速度的提高而下降。对于一个给定的功率增量,总的轴向变形随提升速度的增加而增加,当功率提升速度缓慢到足以使燃料中发生塑性流动而使应力松弛时,包壳的轴向应变会显著地减小。

16.5.4.7　燃耗

燃料元件设计参数对 PCI 的影响随着燃耗而减弱。使芯块和包壳开始发生相互作用的释热率随燃耗的增加而减小。显然,只有达到一定的燃耗之后,才有可能产生足够的腐蚀性裂变产物。

16.5.5　补救办法

目前,为了解决 PCI 问题在设计、工艺、运行等方面已经采取或正在研究的补救办法,除了在上节"影响因素"里讨论的之外,还有以下方法。

16.5.5.1　燃料棒充氦预加压

预加压力从 20 到 30 大气压不等,此值受元件寿期末内压的限制。

预加压大大降低了包壳的蠕变速率。推迟包壳与芯块的接触时间达几倍。包壳的疲劳寿命也可提高。另外,还有限制了芯块肿胀和降低了燃料温度的作用。相应的裂变气体释放量减少,对防止 SCC 也很有好处。

预加压的另一个作用是改善燃料与包壳在长期辐照后的结合性能。

16.5.5.2　包壳内表面涂层

加拿大 CANDU 型堆元件内表面涂以石墨。一方面起润滑作用,减轻对着芯块裂口处和芯块界面处的包壳局部应力;另一方面对碘的浸蚀也是一种抑制剂。

美国 GE 公司和意大利、瑞典等研究了包壳内表面镀铜或纯锆,使芯块和包壳之间加入一层障碍膜,以减轻其相互作用和裂变气体的侵袭。

16.5.5.3　一种新的低相互作用的设计

这种设计主要是想从工艺上来解决 PCI 问题,就是把现行的芯块改作环状部分和芯体部分组成的组合体。环状部分的浓缩度比常规芯块高，而芯体部分则为天然（或贫化）燃料，其平均浓度与常规芯块相同。

16.5.5.4 软芯体

试验表明，低密度芯块和振动压实的燃料元件机械相互作用小，不易产生 PCI 破损。而且还排除了芯块密实化和局部氢化的毛病。

16.5.5.5 腐蚀性气体的控制

此方法的目的是抑制裂变产物的释放，或捕集已放出的有害气体，以防止 SCC 的发生。

16.5.5.6 包壳性能的选取

具有径向基极织构的退火管材延性和应变硬化系数最大。这不仅大大增加直到破坏时的循环次数，而且对于防止 SCC 和机械应变破坏也是有力的。应变硬化系数（也称应变分配的能力）大的管子抗破坏能力好，对于裂纹钝化和终止裂纹传播是个很有用的性能。

中子辐照和冷作都使延性和应变硬化系数明显降低，而初始延性越高，最终保留下来的值越大。除非包壳在外压下受到的应力很接近屈服点，以致引起很大的初始塑性变形的话，那么，优先选取的仍然是完全退火管。这种管子的蠕变强度低，对 PWR 来说，包壳必须具有足够的蠕变强度，以避免包壳过早的倒塌和疲劳破坏。性能最好的综合是基极与径向成某个角度。

16.5.5.7 运行限制

造成元件缺陷的因素很多。像包壳内部氢化，燃料密实和包壳倒塌、磨蚀、水垢引起的加速腐蚀等都是从设计、制造以及冷却剂化学控制来采取相应措施的。而对 PCI，除此而外，主要是限制功率提升的速度。特别是控制棒更换装置及倒料之后，功率的提升要格外小心。

目前，核电站的操作程序均有严格限制。要求功率提升的速率极低，由零功率提到满功率一般需数日。

16.6 燃料棒及组件的辐照变形

燃料棒的伸长可用几种机理来解释：各向异性的蠕变，初期的热膨胀、芯块—包壳之间的机械相互作用以及锆合金的无应力辐照增长。

16.6.1 各向异性的蠕变

如果包壳材料是各向同性，则包壳管的向内蠕变（轴向应力：切向应力 = 1∶2）将不会引起长度的变化。但是，锆合金包壳织构明显的各向异性，使它在长度方向有所增加。具有高的切向压应力（闭端）比切向应力为零（开端）的棒伸长的更多些。锆合金包壳管向内蠕变时（直径减小）引起的长度方向的相对增加大约是直径相对减小的 10%。对于标准的 PWR 燃料棒，直径减小约 1%（未加压的多一点，预加压的少一点），相对长度的增加即为 0.1%，增量近 4 mm。

16.6.2 无应力辐照增长

锆合金的辐照增长也是该材料各向异性的结果。密集六方晶体，受到快中子照射时，在柱极方向伸长，而在基极方向皱缩。该现象的解释是空位环在基面上优先形成，而间隙原子环在柱面上形成。因此,在柱极方向长大——巴克利模型。

快中子通量的净影响是从每个晶粒的<0001>轴上移动每个单位晶胞的一部分原子,并以相等的概率(因为是对称的)把这些原子沉积在其他三个轴向。

这种变形,宏观体积不变。

辐照增长($\Delta L/L$)与快中子积分通量的关系,可用经验公式表示:

$$\Delta L/L = 常数 \times (\varphi t)^n$$

式中,指数 n 一般在 0.45~1.0 之间。冷作管增长在 1 左右,而完全退火管增长则接近于 0.5。

基极完全垂直于某一方向的材料,则在该方向增长最大。接近于:

$$(\Delta L/L)_{TC} = 6\times10^{12}(\varphi t)^{0.4} \qquad E>0.82\ \mathrm{Mev}$$

就燃料元件包壳管来说,在制成标准管时晶体优先排成排,其基极通常是垂直于管子轴线的,取向则介于径向与切线之间,这种管材经快中子照射后轴向要伸长。

轴向伸长与快中子积分通量之间的经验关系式如下:

$$(\Delta L/L)\% = 0.1(\varphi t)^{0.7}$$

辐照增长的重要参数是通量、时间、温度和冷作量,以下是 40~360 ℃之间锆合金管的轴向增长公式:

$$\Delta L/L = 1.407\times10^{-16}\exp[240.8/T][\varphi t]^{0.5}[1-3f_z][1+2cw]$$

其中 T——包壳温度,K;

φt——快中子积分通量 n/cm^2,$E>1.0$ Mev;

f_z——管子轴向织构系数(指晶胞按轴<0001>平行于管子轴线排成排的有效份数,对于典型的 LWR 管材,$f_z=0.05$);

cw——冷作量(横断面缩减份数)。

16.6.3 燃料棒弯曲

Dresden-1 中由于弯曲引起元件破损。其原因是它所用的 Zr-2 合金管是经过 15%~25%冷作,但又没有进行任何退火处理。在运行时,残余应力松弛而引起弯曲。一些拐角处的元件盒内壁,局部温升过高加速腐蚀而破坏。下面简述由燃料棒伸长引起弯曲的机理。

16.6.3.1 伸长—约束型

这种弯曲只是在第一代用锆合金作包壳,控制棒(RCC)导向管采用不锈钢的一些燃料组件中出现过。主要是由于燃料棒与管座之间只留了较小的间隙。带功率运行时,由于不锈钢的热膨胀比锆合金大,热态间隙是增加的。随着反应堆冷却而收缩时,包壳的辐照伸长量,如果有的话也包括 PCI 引起的包壳塑性变形部分,并不能收缩回来。一旦超过了预留间隙,元件棒就和管座产生干涉,使燃料棒发生横向弯曲。

16.6.3.2 定位格架与燃料棒之间的相互作用

大多数出现在为了减少组件的寄生俘获而减少定位格架数量,使跨距加大的活性区中。燃料棒呈现出永久性的横向弯曲,变形程度从很小到大于冷却剂通道的一半。最大弯曲在从底部起第二和第三定位格架之间。

其他因素也可能与这种变形有关:

(1)任何原始弯曲的存在(允许范围之内)对弯曲过程的开始都有贡献。弯曲的方向受包壳的椭圆度、偏心度等影响。

(2)周围温度不均匀以及通量的径向梯度也是一个原因。

(3)由于芯块摞的膨胀在包壳中产生轴向摩擦力,当壁厚不均匀时就产生定向力矩。

要彻底排除这种弯曲是困难的,当前的组件设计都采用单棒“底部脱离”型,以便允许燃料棒上、下两个方向都能伸长。定位格架数量也适当地增加了。

减小定位格架与燃料棒之间的作用力也是防止严重弯曲的有效措施。这种作用力要十分恰当,还应避免燃料棒振动发生磨蚀。

16.6.4 燃料组件的弯曲

使用锆合金作控制棒导向管比使用不锈钢作控制棒导向管弯曲得更加厉害。

第一运行周期后,组件弯曲的方向是由活性区中心向外。弯曲的量(垂直分量的矢量和)为1.8~7.0。后来将其中五个组件方位不变地移动到对面的位置,即使其弯曲方向向着中心。第二个运行周期之后,发现它们的弯曲方向再次向外。并且,平均弯曲的量更大。

据分析,这种弯曲可能是由于从中心向外的冷却剂横向流动,以及在压紧力作用下辐照蠕变引起的。

组件弯曲的潜在危险可能会影响控制棒的正常运行,妨碍组件吊装,引起单棒弯曲等。

第 17 章　国外核电法规标准

17.1　国际公约与标准

核能领域相关的国际公约包括《及早通报核事故公约》《核事故或辐射紧急情况援助公约》《核安全公约》和《乏燃料管理安全和放射性废物管理安全联合公约》。这些公约具有和法律相等的效力。

在此基础上，国际原子能机构建立了一系列安全标准，包括《安全基本法则》《安全要求》《安全导则》以及安全系列标准。这些安全标准适用于国际原子能机构的各项业务，并被推荐给各国政府以及其他国际组织在各自的活动中采用。

目前，许多成员国已经决定采用国际原子能机构的安全标准，对于各国安全公约缔约国来说，国际原子能机构的安全标准提供了确保有效履行这些公约所规定异物的一致和可靠手段。

截至 2018 年官网公布，包括安全基本法则、安全要求（GS-R、NS-R、WS-R、TS-R）、安全导则（NS-G、GS-G、RS-G、TS-G、WS-G）和安全标准系列（Safety Series）共计有 142 个标准在执行中。其中，与核燃料有关的主要包括：

Safety of nuclear power plants：design；

Safety of nuclear power plants：commissioning and operation；

Core management and fuel handling for research reactors；

Design of fuel handling and storage systems for nuclear plants；

Storage of spent nuclear fuel。

其中安全导则《IAEA NS-G-2.5-2002 核电厂堆芯管理和燃料处理》，针对堆芯和核燃料处置建立了一套燃料管理体系内容，具体体系见图 17-1。

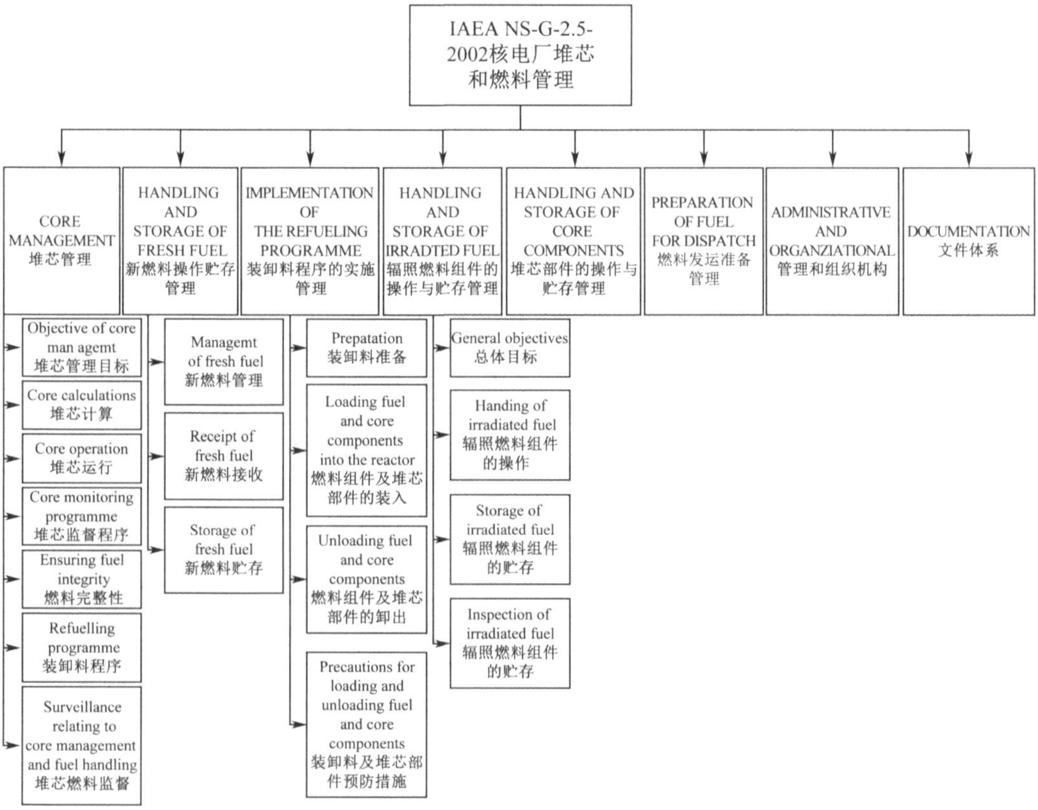

图 17-1 燃料管理体系

17.2 美国法规标准

美国是全球最大的核电国,美国核电机组数量、总装机容量及核电生产总量均为世界第一,可谓是全球最大的核电国。美国 1957 年第一台核电机组投入运行,2017 年底共有 99 台机组,装机容量 99.635 GW,发电量 804.95 TWh(8049.5 亿 kW·h),核电占发电量比例为 20%,容量系数 92.2%,虽然 2017 年美国核电机组数量比最多的年份减少了 13 台,但是从装机容量、发电量、核电比例以及容量系数等指标都非常接近历史最好水平。

美国的核电法系法规五个层次(图 17-2)。

美国核电法规的最高层是原子能法,它于 1954 年由国会制定和颁布,是世界主要核大国原子能法律法规文件的重要参考,原子能法共有 21 章,321 节,第 21 章的内容分别为:总则、定义与名词解释、组织、研究、特殊核材料的生产、特殊核材料、原材料、副产品材料、原子能的军事应用、原子能许可证、国际活动、信息控制、专利与发明、总的权利、私有财产的补偿、司法审查和管理程序。

美国的核电标准是由 NRC NUREG、ANSI/ASME、ASTM 和 IEEE 构成的完整的核动力装置标准体系。美国核电标准依靠原创技术推动,形成了以专业为主线,门类齐全、适用于多种技术发展需要的通用体系。美国核电标准能够全面满足核电厂选址、工程设计建设、运行和维护的需要,在美国、北美地区及亚洲、欧洲部分国家得到广泛应用。

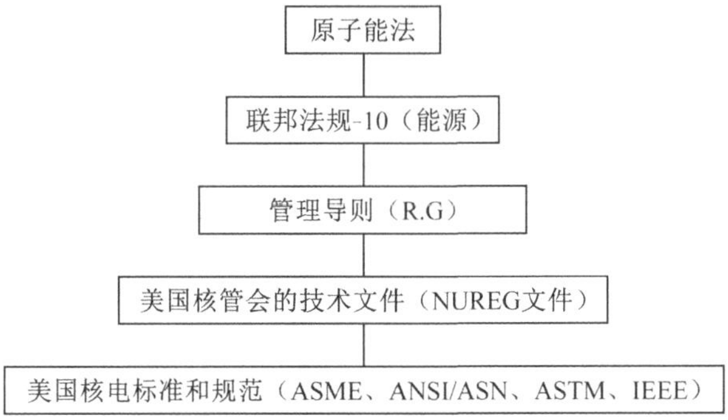

图 17-2　美国的核电法系法规

美国核管会管理导则根据内容不同被划分为 10 个部分:

NRC. R. G. 1 动力反应堆(Power Reactors);

NRC. R. G. 2 研究是实验堆(Research and Test Reactors);

NRC. R. G. 3 核材料和核燃料装置(Fuels and Materials Facilities);

NRC. R. G. 4 环境和厂址(Environmental and Siting);

NRC. R. G. 5 核或辐射材料和核设施的保卫(Materials and Plant Protection);

NRC. R. G. 6 产品 (Products);

NRC. R. G. 7 运输 (Transportation);

NRC. R. G. 8 职业健康 (Occupational Heaelth);

NRC. R. G. 9 反垄断和财务审查 (Antitrust and Finacial Review);

NRC. R. G. 10 通则(General)。

统计燃料管理相关 NRC. R. G 系列以及 NUREG 系列标准见表 17-1。

表 17-1　NRC. R. G 系列以及 NUREG 系列标准

标准编号	标准名称
NRC. RG5. 1-1972	Serial Numbering of Fuel Assemblies for Light-19Water-19Cooled Nuclear Power Reactors
NRC. RG3. 49-1981	Design of Independent SPENT Fuel Storage Installation(Water-19Basin Type)
NRC. RG1. 70. 34-1975	Information for Safety Analysis Reports:Fuel System Design
NRC. RG1. 13-1975	Spent Fuel Storage Facilities Design Basis
NRC. RG5. 12-1973	General Use of Lock in the Protection and Control of Facilities and SpecialNuclear Materials
NRC. RG3. 44-89	Standard Format and Content for the Safety Analysis Report for an Independent Spent Fuel Storage Installation(Water-Basin Type)
NRC. RG5. 45-1974	Standard format and Content for the Special Nuclear Material Control And Accounting Section

表 17-1(续)

标准编号	标准名称
NRC. RG1. 25-72	Assupmtion Used for Evaluating the Potential Radioligical Consequences of a Fuel Handling Accident in the Fuel Handling and Storage Faicility for Boiling and Pressurized Water Reactor
NRC. RG1. 13-75	Spent Fuel Storage Facilities Design Basis
NUREG0800(15.7.5)-1981	Spent Fuel Cask Drop Accident
NUREG0800(15.7.4)-1981	Radiological Consequences of Fuel Handling Accidents
NUREG0800(15.4.7)-1981	Inadvertent Loading and Operation of Fuel Assembly in an Improper Position
NUREG0800(9.1.2)-1981	Spent Fuel Storage
NUREG0800(4.2)-1981	Fuel System Design
NUREG/CR1380V. 2-1981	Assessment of Current Onsite Inspection Techniques for Light-Water Reactor Fuel System Volume 2. Discussion of inspection Techniques
NUREG/CR1380V. 1-1981	Assessment of current onsite inspection techniques for Light-Water reactor fuel systems. volume 1. executive summary

根据上表可以看出,NRC/NUREG 研究对象除了燃料组件以及贮存设施设计要求以外,对新燃料组件、乏燃料组件、检查要求、核材料以及在燃料活动中特定发生的事故情况进行了规范。

除了核安全当局有关法规、导则(联邦法规 10CFR、管理导则 RG、核管会出版物 NUREGS 等)外,与美国核电标准有关的单位有:

ANS—美国核学会(American Nuclear society);

ANSI—美国国家标准学会(American NationalStandard Institute);

ASME—美国机械工程师学会(American Society of Mechanical Engineers);

ASTM—美国材料试验学会(American Society for Testing Materials);

IEEE—电气与电子工程师协会(Institute of Electricaland Electronics Engineers)。

1965 年,ASME 在锅炉压力容器的建造安全规则基础上,增加了核动力装置规范。ASME 规范是美国锅炉及压力容器方面的国家标准,共分为十一卷,内容主要规范了压力容器、燃料组件制造工艺以及燃料贮存容器对放射性核材料的设计制造要求,与燃料管理并无直接联系。

美国国家标准学会(ANS/ANSI)的首要目标是促使形成推荐性的标准,提高美国在全球的竞争力,提高美国人在安全和环境方面的质量;ANSI 在燃料管理活动的标准制定方面也制定一系列相关标准,具体见表 17-2。

表 17-2 ANSI 相关标准

标准编号	标准名称
ANSI/ANS-8. 1-2014	Nuclear criticality safety in operations with fissionable materials outside reactors
ANSI/ANS-8. 7-1998(R2012)	Nuclear Criticality Safety in the Storage of Fissile Materials
ANSI/ANS-8. 9-1987	NuclearCriticality safety criteria for steel-pipe intersections containing aqueous solution of fissile material
ANSI/ANS-8. 12-1987	Nuclear criticality control and safety of plutonium-uranium fuel mixtures outside reactors
ANSI/ANS-8. 15-1981	Nuclear criticality control of special actinide elements
ANSI/ANS-8. 17-2004(R2014)	Criticality Safety Criteria for the Handling, Storage, and Transportation of LWR Fuel Outside Reactors
ANSI/ANS-8. 19-2014	Administrative Practices for Nuclear Criticality Safety
ANSI/ANS-8. 20-1991	Administrative practices for nuclear-criticality safety
ANSI/ANS-8. 23-1997	Nuclear criticality accidents emergency planNING and response
ASTME321-96R12	ASTM E321-96R12 Standard test method for atom percent fission in uranium and plutonium fuel (Neodymium-148 method
ANSI/ANS-8. 12-1987	Nuclear criticality control and safety of plutonium-uranium fuel mixtures outside reactors
ANSI/ANS-57. 9-1992	Design criteria for an independent spent fuel storage installation(dry type)
ANSI/ANS-57. 8-1995	Fuel assembly identification
ANSI/ANS-57. 7-1988	Design criteria for an independent spent fuel storage installation (water pool type)
ANSI/ANS-57. 5-1996	Light water reactors fuel assembly mechanical design and evaluation
ANSI/ANS-57. 3-1983	Design requirements for new fuel storage facilities at light water reactor plants
ANSI/ANS-57. 2-1983	Design requirements for light water reactor spent fuel storage facilities at nuclear power plants design
ANSI/ANS-57. 1-1992	Design requirement for light water reactor fuel handling systems
ANSI/ANS-57. 10-1996	Design criteria for consolidation of LWR spent fuel
ANSI/ANS-54. 2-1985	Design bases for facilities for LMFBR spent fuel storage in liquid metal outside the primary coolant boundary
ANSI/ANS-5. 4-1982	Method for calculating the fractional release of volatile fission products from oxide fuel

表 17-2(续)

标准编号	标准名称
ANSI/ANS-2. 19-1981	Guidelines for establishing site-related parameters for site selection and design of anindependent spent fuel storage in stallation (water pool type)
ANSI/ANS-15. 2-1999	Quality control for plate-type uranium-aluminum fuel elements

17.3 其他国家法规

1. 法国

法国核电站设计制造规则(RCC)是一个随核电厂规模不同而升版的核电厂标准化设计文件。它引进美国核电技术,初期最关心的是将参考电站搬过来,吃透其技术,完成自己的系统手册和布置设计,然后对其进行改造创新,而没必要再逐个按照标准来设计系统。

法国的燃料组件法规标准以法国核安全规则 RFS. V. 2. e“燃料组件制造通用规则”、RCC-C 和技术条件为主体,并以法国一般的工业标准和美国标准两部分辅助,构成了较为完整的燃料组件标准体系。例如,“RCC-M”规则在借鉴美国 ASME 锅炉压力容器规范第三卷“核动力装置设备”内容的基础上,吸收了法国在核电工业发展实践中的经验和成果制订出来的。RCC-M 与 ASME 类似,该标准既规定了燃料系统的设计要求,又规定了燃料系统的制造要求,在法国得到了广泛的应用,适用于 900 MW,1 300 MW,1 500 MW,压水堆核电厂等十几种规格压水堆燃料组件的设计和制造。内容涵盖核电厂及其相关系统的建造、制造相关的标准。

法国的标准化组织或机构主要由法国标准化专署、法国标准化高级委员会、法国标准化协会以及各行业标准化局等组成。法国标准化协会,简称 AFNOR,法国核能标准是法国主要集中在其编制发布的 NF M60 系列以及部分 NF-M62 系列,对其中仅 90 多条标准列表进行筛选,仅得到以下两条与压水堆核电厂燃料管理标准相关的标准,见表 17-3。

表 17-3 相关标准

标准编号	标准名称
NF M60-441-2011	用极限燃耗效益法对含有压水反应堆二氧化铀燃料的系统进行评估,并判定核临界安全性
NF M60-416-2000	核能,轻水反应堆 MOX 燃料生产用核级二氧化钚粉末,产品规范定义协助导则

2. 德国

德国作为当今世界工业最为发达国家之一,其核电机组技术和运营业绩所取得的成绩都是为业界所称赞的。德国人身上具有严谨认真的处事态度和工匠精神。德国制造一直都是品质的象征。德国标准化学会(DIN)是德国最大的具有广泛代表性的公益性标准化民间机构,成立于 1917 年。德国的核电技术在世界上也是数一数二的,然而德国却是世界上第一个通过立法来表明到2022年将全面退出核电。因此,在调研中,对于德国燃料管理所获得信息并不多,但是,仍然可以查到一部分对于压水堆核电厂燃料管理的标准,具体见表17-4。

表17-4　部分电站标准

标准编号	标准名称
DIN 25403 Bb. 1-1997	核燃料处理和搬运临界安全。说明
DIN 25401-4-1986	核技术概念. 核材料的监控
DIN 25401-5-1986	核技术的术语和定义. 燃料技术
DIN 25472-2012	核燃料丢弃的最终处置的临界安全性
DIN 25471-2009	带轻水反应堆的核电站燃料槽中核燃料元件在搬运和储存时燃耗应考虑的临界安全性
DIN 25463-1-1990	轻水反应堆核燃料衰变热功率的计算。不回烧的核燃料
DIN 25712-2007	考虑容器中受辐射轻水反应堆燃料组件运输和储存的燃料燃耗的临界安全
DIN 25463-2-2008	轻水反应堆的核燃料衰变功率的计算。第2部分:压水反应堆用铀、钚混合氧化物(MOX)
DIN 25403-4-1995	核燃料的处理和搬运时的临界安全性。第4部分:二氧化铀轻水混合物的临界数据
DIN 25403-2-1995	核燃料的处理和搬运时的临界安全性。第2部分:铀235金属轻水混合物的临界数据
DIN 25403-3-2000	处理和搬运核燃料时的临界安全性。第3部分:钚239金属-轻水混合物的临界数据
DIN 25403-4-1995	加工和搬运核燃料时的临界安全性。第4部分:二氧化铀-轻水-混合物的临界数据
DIN 25403-5-2000	处理和搬运核燃料时的临界安全性。第5部分:239二氧化钚-轻水混合物的临界数据
DIN 25403-6-2000	处理和搬运核燃料时的临界安全性。第6部分:钚239硝酸盐-轻水混合物的临界数据
DIN 25401-1-2002	核技术的术语和定义。第1部分:物理及化学基本原理
DIN 25401-2-2002	核技术的术语和定义。第2部分:反应堆设计
DIN 25401-5-2002	核技术的术语和定义。第5部分:核燃料技术
DIN 25403-7-1996	处理和使用核燃料时的临界安全性。在水中的低浓缩二氧化铀栅棒的临界数据
DIN 25403-3-1975	生产和使用核燃料时的临界安全性。钚239金属-轻水混合物的临界数据

参 考 文 献

[1] 杨兰和. CP600 压水堆核电厂核燃料管理[M]. 北京:中国原子能出版传媒有限公司,2011.

[2] 陈宝山. 轻水堆燃料元件[M]. 北京:化学工业出版社,2007.

[3] 周贤玉. 核燃料后处理工程[M]. 哈尔滨:哈尔滨工业大学出版社,2009.

后　记

本教材基于2006年8月编写的秦山第二核电厂系列培训教材——《核燃料岗位培训教材》修改编写，原版教材仅针对秦山第二核电厂压水堆机组。本次编写工作中，除了将部分章节删减之外，还增加了秦山第一核电厂30万千瓦、方家山压水堆机组、重水机组相关内容。

由于时间仓促，加之水平有限，教材中难免会有错误和疏漏，恳请学员指正，编写组合针对这些问题进行定期改版。